早餐变变变

好吃又好看的高效营养早餐

早餐小饼——著

·北京·

内容简介

早餐花样少，吃饱了就行？早晨时间紧，凑合一下就好？好好吃饭才是对自己的爱。本书分为心法篇和实践篇。

心法篇介绍了三大早餐原则——五指拳头营养法，帮你轻松完成早餐的营养搭配；五大高效锦囊，通过选工具、列清单、预处理等方式帮你快速提升早餐制作效率；四大美颜技巧，则是给出了摆拍和拍摄的建议，帮你瞬间提升早餐的颜值。

在实践篇中，作者提供了分别以鸡蛋、吐司、面条、米饭、燕麦、比萨和馒头为主角的菜谱，共115道。在菜谱的编排顺序中，作者独具匠心，将她设计菜谱的思路暗藏其中。从简单的嫩煮蛋，到营养均衡的厚蛋饼；从鸡蛋、吐司的单调搭配，到吐司比萨的奇思妙想；从蛋炒饭的选无可选，到时蔬鸡蛋米饼的新体验，跟随作者的步伐，不仅可以学会制作花样早餐，更能设计出独属自己的早餐菜品。

快来用早餐喂饱你的情绪吧。

图书在版编目（CIP）数据

早餐变变变：好吃又好看的高效营养早餐 / 早餐小饼著. 北京：化学工业出版社，2024. 10. -- ISBN 978-7-122-46243-5

I. TS972.12

中国国家版本馆CIP数据核字第2024JR4761号

责任编辑：丰 华　　文字编辑：丁钊雯
责任校对：刘 一　　装帧设计：锋尚制版

出版发行：化学工业出版社
（北京市东城区青年湖南街13号　邮政编码100011）
印　　装：北京宝隆世纪印刷有限公司
710mm×1000mm　1/16　印张14　字数207千字
2024年10月北京第1版第1次印刷

购书咨询：010-64518888　　售后服务：010-64518899
网　　址：http://www.cip.com.cn
凡购买本书，如有缺损质量问题，本社销售中心负责调换。

定　　价：78.00元

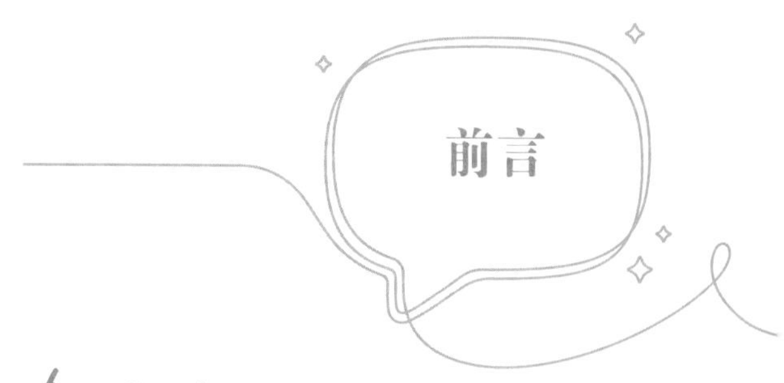

前言

我是如何从一个不会做早餐的厨房小白开启早餐蜕变的？

治愈自己，早餐成了我的“娃”

曾经的我混沌困惑，白天起不来，晚上不想睡，996的工作模式早已是家常便饭，常常是到了单位，才在忙碌的间隙中啃几口干面包或饼干，聊以充饥。

日复一日的忙碌，让我身心俱疲。2018年2月，命运给了我沉重的一击。怀孕4个月的我，因胎停育失去了孩子。那一刻，我仿佛失去了整个世界，心中的悲痛和绝望如潮水般涌来，让我无法自拔。

在这个迷茫的时刻，我停下脚步，重新审视自己的内心。我意识到，无论拥有多少财富和什么地位，如果没有健康，一切都是空谈。我要改变自己的生活方式，找回健康快乐的自己。于是，我决定从早餐开始，为自己的生活注入新的活力。

那一天，我立下flag，要做1000份不重样的早餐。

第一个90天，我开始了早餐打卡。每天清晨，我都会在朋友圈里晒出自己的早餐照片，记录自己的坚持和变化。我购买了许多与早餐相关的书籍和视频教程，不断学习新的早餐制作技巧。我发现，原来自己对早餐有着如此浓厚的兴趣和天赋。只要看一遍食谱或视频，我就能迅速掌握精髓，将美味的早餐呈现在眼前。

第二个90天，我迎来了更大的突破。我报名参加了中式面点师的培训课程，熟练掌握了早餐面点的制作。此后从传统的包子、馒头到西式的面包、蛋糕，我都能得心应手。同时，我还学习了美食摄影课程，将我的早餐作品拍摄得更加精美诱人。通过不断的学习和实践，我成功获得了中式面点师资格证，并且成为了图虫认证的美食摄影师。

第三个90天，我开始注重早餐的营养搭配。我考取了高级健康管理师的证书，写下了许多营养丰富的菜谱，分享给更多的人。我希望通过我的努力，让更多的人能够关注自己的早餐健康，享受美味的早餐时光。

在不断的改进中，我做了1000多份不重样的早餐，从一个厨房小白蜕变成为早餐达人，这是早餐给予我的治愈和力量，它让我重新找回了生活的色彩。

带动他人，早餐是创意的研习地

因为坚持每天朋友圈打卡，我获得很多人的点赞。渐渐地，越来越多的人向我请教早餐的问题。我不曾想，早餐竟是许多人的困惑——营养不均衡、制作耗时长、想不出花样和做得不好看，成为了早餐的四大痛点。因此我提出了“高营养、高颜值、高效率”的早餐理念（简称3HIGH）。

我化身为一个热情的演讲者和分享者，把3HIGH早餐理念传递给更多的人。仅2020年我就在线上线下进行了80余场的公益分享活动，先后去了幼儿园、中小学、高校、电台以及市区县工会等。

为了解决大家“一看就会，一做就废”的困扰，我在线上发起了早餐训练营，这是一个实践3HIGH早餐的研习地。每次最令我兴奋的环节就是带着学员们开脑洞，即使是简单的炒饭，也能琢磨出有趣、新颖的做法，比如把炒饭变成饭团，用鸡蛋饼卷起来……每次做早餐，都像在解锁新的技能，产生新的创意。

在这三年里，我沉浸于早餐的世界，探索、研发、实践，终于凝结成了一套独特的早餐创意心法，让更多家庭的早餐从随意凑合到创意无限，每一期的学员都有不一样的收获和感悟。

“我真正用心地做了早餐。我发现，不仅仅是我的早餐在食材和工具上发生了变化，更是我的心态开始改变。我不再关注孩子吃了多少，只是用心地去做，从她喜欢的早餐出发。孩子也越来越喜欢，每天早上都期待着我的早餐。我发现我们都在慢慢变好。在这个过程中，社群里其他人的分享给了我很多灵感和启发，让我在不知不觉中吸收了很多知识，提升了我对搭配、营养、拍照等方面的理解。”

“我从小生活在农村，当时家里的饮食生活习惯就是有啥吃啥，能填饱肚子就行，从来不管什么搭配，营养均衡，更别提早餐创意了。来到3HIGH之后我的生活有了很大的改变，告别过去‘随意吃饭’的生活，迎来了‘五彩缤纷’的生活。家里的餐桌逐渐变得色彩丰富，食物搭配也更讲究营养均衡。”

“与3HIGH结缘，让我彻底改变了对一日三餐尤其是早餐的看法，再普通的食材，也可以玩出特别多的花样，完全打开了我的想象力。现在，早餐心法在手，走到哪儿我都可以就地取材，做出一顿丰富的、适合自己的健康营养早餐。”

“因为早餐，我调整了作息，养成了早睡早起的习惯，收获了健康的生活方式；因为早餐，孩子也时而参与进来，一起制作品尝，收获了幸福而美好的亲子时光；因为早餐，我收获太多的美好和改变……”

每当看到学员们的用心反馈，我的内心就会充满能量。早餐成为了一个载体，让人享受不断追求创意的过程，实现自我觉察和人生修行。

一个人可以走得很快，而一群人可以走得更远。这些年，我带领全国5000多位学员一起践行了高营养、高颜值、高效率的3HIGH早餐。

自创心法，让你享受早餐的乐趣

我们可能习惯于接受标准答案，会迷失在别人的期待和标准中，却忽视了自我探索和创新的能力。我相信每一个人都拥有无尽的创意潜能，每个人都是

天生的早餐设计师，只要敢于尝试、敢于创新，就能释放出内心深处的创意力。很多人觉得坚持这件事很难，其实说白了就三个字——玩起来！之前我就玩过只用鸡蛋、牛奶、燕麦、香蕉和吐司这五种食材，通过不断创新，做出了50多道早餐菜品。所以，坚持的前提是快乐，快乐的源泉是好玩。

我觉得，真正想要把早餐做好，并非只是学会技能和方法，更重要的是改变思维方式。

这本书分为心法篇和实践篇，我在原有3HIGH心法基础上又创新提出了早餐实践的“三做心法”——做搭配、做烹饪、做设计，特别是“做设计”中的“联想法”，旨在传播一种早餐的设计思维方式，用简单的食材和高效的方式，将营养、创意与美学完美融合。我就是用这套自创设计心法，玩转1000多道不重样的早餐。在实践篇中，我对鸡蛋、馒头、吐司、米饭等常见食材进行了拆解与创新。尽管基础元素相同，但在创意与想象力的催化下，它们能够组合成无数令人惊喜的早餐作品。

这本书你可以从头开始读，也可以从你感兴趣的部分开始。在这本书里，我将早餐的心法和技法结合，你可以找到感兴趣的菜品尝试，也可以根据自己想做的菜品，去参考设计思路。

这本书写于我产假结束回归职场的时候，写下这本书实属不易，孩子的需求无时不在，工作节奏还未适应。于是，我只能每天比孩子早起1～2小时，将这段时间用于写作和拍摄。每当我看着晨光中的孩子醒来，对我露出甜甜的微笑，我总会告诉她：“宝贝，妈妈正在做一件特别有意义的事情，希望未来你也能找到自己的优势，做更多对他人和社会有价值的事。”

我希望将这份美好与温暖传递给每一位读者。在品尝早餐的同时，能够感受到生活的美好与意义。我希望每一位读者都能从中领略到早餐的独特魅力与价值，重新发现那份被遗忘的温馨与美好。

愿这本书成为你生活的一部分，陪伴你度过每一个明媚的早晨。在忙碌与疲惫之余，翻阅此书，你能够找到一份宁静与慰藉；在追寻生活真谛的旅途中，你能够从中汲取力量与勇气。我希望通过它，让更多的人重新爱上早餐，感受那份简单而又美好的幸福。

如果需要观看菜谱的制作视频，可以在微信视频号中搜索“3HIGH早餐小饼”，里面有更详细的制作介绍。

这就是我的故事，
希望能够给大家带来一些启发和勇气，
让我们一起努力，
创造更美好的未来！

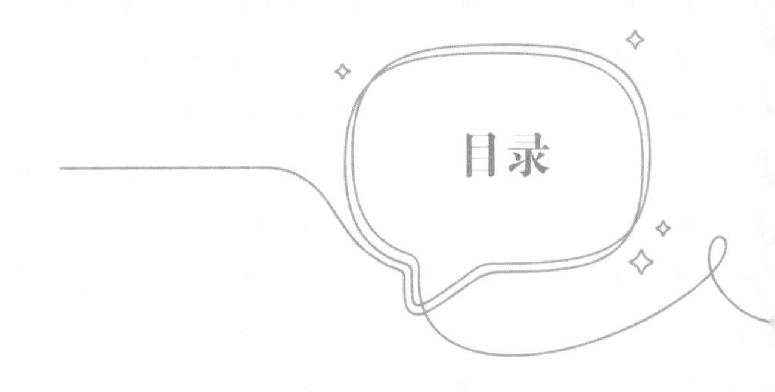

心法篇

三大早餐原则
——让你轻松玩转高营养、高效率、高颜值的早餐

五指拳头营养心法，让你的早餐搭配变全 / 003

左手掌——均衡营养从选择食材种类开始 / 003

右手掌——营养搭配从选择食材颜色开始 / 004

拳头——轻松掌握食物分量 / 005

五大高效锦囊，让你的早餐制作变快 / 006

选工具——三大法宝帮你秒变厨神 / 006

列清单——清单管理让你 10 倍提升早餐制作效率 / 007

预处理——让你既能睡个懒觉又能享受美味早餐 / 008

弹钢琴——巧妙安排制作顺序以提高效率 / 010

番茄钟——带你体验每个清晨的早餐心流修行 / 010

四大美颜技巧，让你的早餐视觉变美 / 011

选餐盘——勾勒出早餐的美感 / 011

配色彩——让你的早餐颜值在线 / 012

做摆盘——让你的早餐秀出造型 / 013

秀早餐——让你的早餐美爆朋友圈 / 015

学会“三变三法”，不愁早餐变不出花样 / 020

实践篇

玩出花样早餐
——怀揣"三变三法"，不愁早餐样式

一枚鸡蛋疗愈你 / 022

白煮蛋的自我蜕变 / 022

鸡蛋笑脸 / 023

熊猫先生蛋 / 024

勤劳的小蜜蜂 / 025

可爱兔兔蛋 / 026

小鸡萌萌蛋 / 027

鸡蛋土豆泥爱心沙拉 / 028

土豆泥黄瓜卷 / 030

土豆泥黄瓜寿司卷 / 031

鲜虾土豆泥沙拉火山 / 031

土豆泥黄瓜花环 / 032

鸡蛋卷的内卷之路 / 034

单色鸡蛋卷 / 034

双色鸡蛋卷 / 036

鸡蛋卷花花 / 038

双色玫瑰花 / 040

蛋卷大眼萌萌 / 041

蝴蝶鸡蛋卷 / 042

520 爱心蛋卷 / 044

芦笋鸡蛋卷 / 045

鲜虾芦笋鸡蛋卷 / 047

黄瓜胡萝卜单色蛋卷 / 048

黄瓜胡萝卜双色蛋卷 / 050

黄瓜胡萝卜三色蛋卷 / 052

黄瓜胡萝卜沙拉蛋卷 / 054

鸡蛋饼的力量 / 056
可爱熊薄蛋饼 / 056
双色泼墨薄蛋饼 / 058
爱心烤蛋 / 059
蔬麦厚蛋饼 / 061
时蔬年糕厚蛋饼 / 062
时蔬吐司厚蛋饼 / 063
时蔬土豆厚蛋饼 / 064
虾仁时蔬厚蛋饼 / 065
时蔬饺子蛋饼 / 066

一片吐司治愈你 / 068
鸡蛋和吐司的爱恨情仇 / 068
白煮蛋三明治 / 069
牛油果鸡蛋沙拉吐司 / 070
鸡蛋黄瓜圣诞树吐司 / 071
滑蛋三明治 / 072
滑蛋牛油果吐司 / 073
金发娃娃吐司 / 074
太阳吐司 / 076
烤蛋三明治 / 078
彩椒圈鸡蛋烤吐司 / 079
牛油果烤鸡蛋吐司 / 080
爱心煎蛋吐司 / 081
吐司鸡蛋卷 / 082
吐司鸡蛋比萨 / 084
鸡蛋炒吐司 / 085
时蔬鸡蛋炒吐司 / 086
草莓黄金吐司 / 087
黄金吐司四色拼盘 / 088
可爱熊黄金吐司 / 089
鸡蛋烤吐司 / 090
吐司纸杯蛋糕 / 091
时蔬鸡肉吐司塔 / 092

吐司、酸奶、水果，三姐妹的闺蜜情谊 / 094
火龙果酸奶吐司卷 / 094
火龙果香蕉酸奶吐司卷 / 096
LOVE 草莓酸奶双层吐司 / 098
水果酸奶吐司拼盘 / 100
芒果蓝莓酸奶吐司小鱼 / 101
水果吐司冰淇淋 / 102
圣诞老人吐司 / 104
郁金香奶酪吐司 / 105
酸奶吐司画 / 107
芒果花酸奶吐司 / 108
吐司绝不是只能做三明治 / 110
“三变三法”实践案例 / 110
时蔬吐司鸡蛋饼 / 112
时蔬吐司烘蛋 / 114
时蔬炒吐司盒子 / 116
时蔬番茄浓汤泡吐司 / 118
鸡蛋时蔬吐司比萨 / 120
时蔬虾仁吐司比萨 / 120

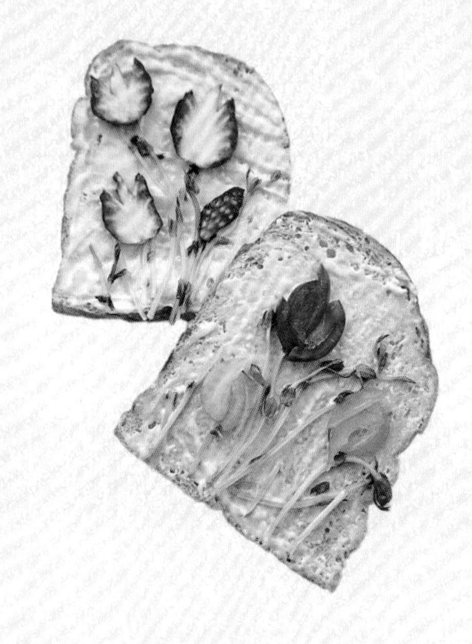

一碗面条温暖你 / 122
鲜虾时蔬清汤面 / 126
鲜虾时蔬海鲜面 / 128
时蔬葱油汤面 / 130
虾仁时蔬寿喜汤面 / 131
时蔬炒牛肉汤面 / 132
鲜虾时蔬冬阴功汤面 / 134
时蔬番茄酱拌面 / 136
时蔬番茄鸡蛋花拌面 / 138
可爱熊虾仁番茄时蔬拌面 / 140
黑芝麻酱拌菠菜荞麦面 / 142
时蔬蛋包面 / 144
卷发娃娃炒面 / 146

一份剩米饭抚慰你 / 148
翡翠虾仁时蔬炒饭 / 150
时蔬黄金炒饭 / 152
鸡蛋时蔬饭团 / 154
时蔬蛋卷饭 / 156
时蔬鸡蛋米饼 / 158
日出米饭画 / 160
一份燕麦惊艳你 / 162
桂花银耳香蕉牛奶燕麦甜粥 / 163
苹果红薯时蔬乳粉燕麦甜粥 / 164
时蔬鸡蛋山药燕麦咸粥 / 166
时蔬猪肉南瓜燕麦咸粥 / 168
时蔬蟹棒滑蛋可丽燕麦蛋饼 / 170
三色蔬菜可丽燕麦小蛋饼 / 172
水果酸奶燕麦蛋饼 / 173
水果酸奶燕麦蛋卷 / 174
水果酸奶燕麦蛋饼角 / 176
满分时蔬燕麦蛋饼 / 178
猪肉时蔬燕麦蛋饼 / 179
三文鱼黄瓜燕麦蛋饼 / 180
鳕鱼时蔬燕麦烤饼 / 182
香蕉鸡蛋烤燕麦 / 183
时蔬鸡肉鸡蛋炒燕麦 / 184

一份比萨点亮你 / 186
时蔬鸡肉吐司比萨 / 186
彩虹吐司比萨 / 188
爱心蛋吐司比萨 / 189
芝士时蔬鸡肉燕麦蛋饼比萨 / 190
鸡肉时蔬馒头比萨 / 192
时蔬虾仁土豆饼比萨 / 194
鸡肉时蔬饺子皮比萨 / 196
一个馒头馋醒你 / 198
时蔬鸡蛋烤馒头 / 198
圣女果秋葵鸡蛋炒馒头 / 200
鸡肉时蔬沙拉开放式馒头 / 202
时蔬蛋饼馒头汉堡 / 204
老虎头馒头夹心时蔬蛋饼 / 206
时蔬馒头蛋饼 / 208

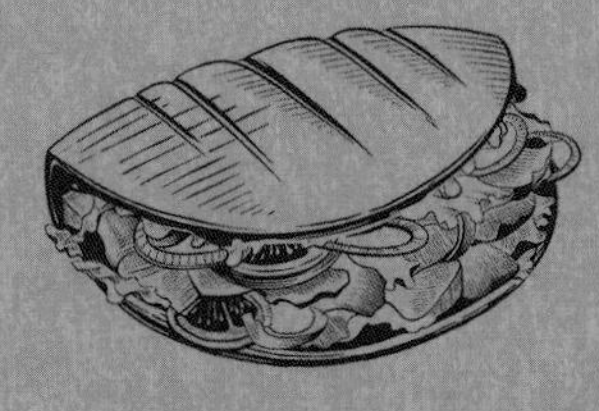

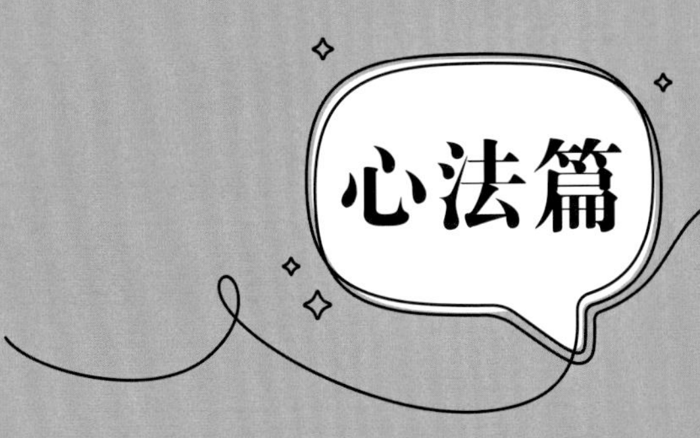

三大早餐原则

——让你轻松玩转高营养、高效率、高颜值的早餐

五指拳头营养心法，让你的早餐搭配变全

在这个快节奏的时代，关爱自己的身心健康成为每个人日常生活中的一项重要任务。然而，面对繁忙的日程和繁多的选择，如何为自己准备一份既营养又美味的早餐成为了一项挑战。但别担心，我将与你分享一个简单实用的高营养早餐秘籍——五指拳头营养法，让你从此轻松享受健康早餐，关爱自己每一天。

左手掌——均衡营养从选择食材种类开始

怎样才能做出一份营养丰富的早餐呢？让我们来看看“五指拳头”营养心法是怎么说的。

“五指拳头”营养心法之左手掌

大拇指代表主食

推荐选择谷薯类和杂豆类主食，如燕麦、小米、黑米、糙米、荞麦、番薯、芋头、南瓜、山药等，它们提供丰富的B族维生素和植物化合物。

食指代表优质蛋白质

包括鱼、肉、蛋、豆、奶，如牛肉、鸡肉，鸡蛋、鹌鹑蛋，各种河鲜、海鲜，以及豆类、豆制品和乳制品。这些食物提供高质量的蛋白质，容易被身体吸收。

中指代表彩虹蔬菜

胡萝卜、西蓝花、菠菜、芦笋、茄子等，推荐每人每天摄入约500克的蔬菜。建议颜色深浅互补、彩虹搭配，以保证蔬菜的多样性。

无名指代表缤纷水果

香蕉、苹果、橙子、蓝莓等，建议每人每天摄入200～350克的水果。

小拇指代表坚果

榛子、杏仁、腰果、核桃仁等，坚果富含维生素E和ω-3脂肪酸。

右手掌——营养搭配从选择食材颜色开始

去菜市场或者从超市采购时，我们总纠结买些什么菜好呢。这里我要分享一个简单又有趣的方法，帮你轻松记忆。

在中医理论中常说“五色对应五脏”，所以我们可以用这个方法来挑选食材。

“五指拳头”营养心法之右手掌

现在，看看你的购物车里是否包括了这些颜色的食物。或者你可以检查一下这一周的餐桌上是否有多种颜色的食材，这样你就能确保食材的多样性。

此外，为了吃得更加安全，建议选择有机食材。

拳头——轻松掌握食物分量

在这里，我要特别感谢田雪老师的“211饮食法”，它真的是太实用了！每一顿饭我们要保证有2个拳头大小的蔬菜，1个拳头大小的主食，以及1个拳头大小的蛋白质食物。你可能会好奇，这个拳头大小是怎么回事？其实，它指的是食物做熟之后的体积。不必纠结于严格的克数，而是根据自己的拳头大小来进行估算，超级方便！

在早餐营养搭配的不断实践中，我发现这个方法对于没有深入学习过营养学知识的人来说，特别简单实用。跟着这个简单的拳头度量法，就可以轻松地控制每餐的搭配和摄入量。享受健康的同时，也不再为吃得太烦琐而苦恼。就这么简单，每餐都有自己的“拳头标准”，让营养变得轻松又美味！

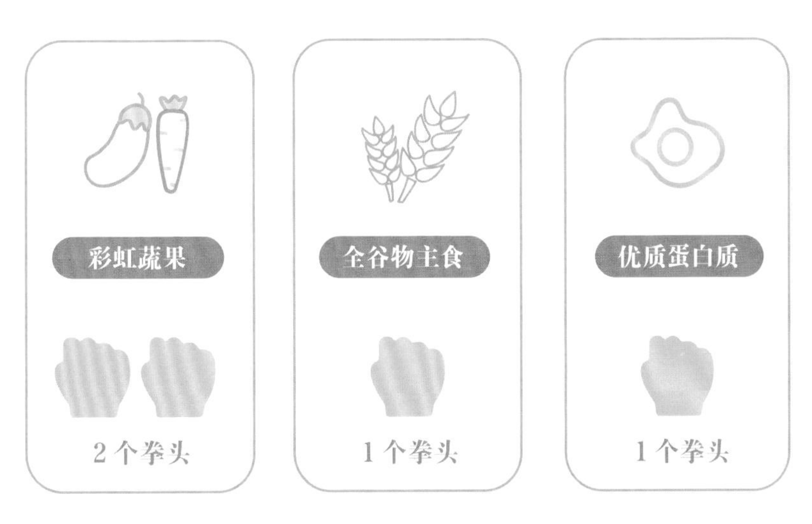

“五指拳头”营养心法之拳头

五大高效锦囊，让你的早餐制作变快

清晨，从被窝中挣扎地爬出来，就要开始与时间赛跑。可是，早餐这个重要的“开局”却往往被我们忽视。别担心，今天我要揭秘五大高效锦囊，不仅能让你在早餐制作中事半功倍，还能让你体验到美味与健康的完美结合！

选工具——三大法宝帮你秒变厨神

平底锅

选择适合灶台用的平底锅或电平底锅都可以，挑选时要注意三个要点。首先，一定要买带涂层的锅，这样方便好用。其次，锅的尺寸要根据家庭人数来选择，别买太小。最后，最好选个稍微深一点的锅，避免油溅得到处都是。此外，清洗时千万别用钢丝球刷，用软绵绵的海绵球最好，温柔对待我们的平底锅。

平底锅有什么神奇之处呢？我给大家分享三个绝妙的用法，这些用法在早餐制作中非常常见。

1. 煎：用平底锅煎鸡胸肉、小牛排，或者是香喷喷的煎蛋。平底锅受热均匀，做早餐经常会派上用场。
2. 炒：用平底锅来炒饭、炒面或蔬菜，这样早餐的选择就更多了。
3. 烘：用平底锅来做各种烘蛋料理，简单又方便。

蒸煮锅

这种锅非常实用，可以用来蒸主食、蔬菜和鸡蛋。对于主食，比如馒头、包子，这是大家常常会吃的，还可以蒸土豆、玉米、红薯等。蒸蔬菜的话，适合夏季吃的凉拌菜，先蒸一下或者焯一下，再加入自己喜欢的酱汁拌匀，做法非常方便。至于鸡蛋，我们可以做水蒸蛋，营养价值也很高。

榨汁机　我早上经常会用榨汁机做一杯奶昔或者蔬果汁，特别是在炎热的夏天。早餐的搭配可以干稀组合，搭配出自己喜欢的口感。

这就是我给大家推荐的早餐三宝——平底锅、蒸煮锅、榨汁机，对于厨房小白来说基本上就可以满足日常早餐的锅具需求了。希望大家能享受美味的早餐，为精力充沛的一天打下坚实的基础！

特别说明

如果你和我一样不太喜欢用煤气灶，而是喜欢用电锅的话，推荐你尝试摩飞锅，它合并了平底锅和蒸煮锅的功能，使用超级简单方便，如果你也喜欢做各种各样的小饼，它特别的六盘锅设计提供了很好的模型，让你轻松玩转各种蛋饼料理。

如果你个人比较喜欢吃烤制食物，也可以额外增加一个烤箱或空气炸锅，容积满足日常要求即可。

列清单——清单管理让你10倍提升早餐制作效率

每天早晨打开冰箱，思考今天的早餐该怎样选择时，你可能会陷入犹豫之中。教你使用两份早餐清单，轻松迎接每个早晨的烹饪挑战。

第一份是菜单设计清单。每周的固定时间，你可以进行家庭早餐计划，根据自己的口味和现有的食材来制订菜单。在设计菜品时，你可以选择书中的食谱，以获取创意灵感，也可以尝试一锅出的方式，将多种食材巧妙组合，以节省烹饪时间。确定了菜单后，你可以根据五指拳头营养心法来选择食材。例如炒饭，不必局限于传统的鸡蛋炒饭，可以选择其他蛋白质来源，如虾仁、三文鱼或培根，以丰富口味。此外，加入不同颜色的蔬菜，如青菜、青豆、胡萝卜、红椒、蘑菇、洋葱和南瓜等，使营养均衡。这种多样化的组合可以制作出口感丰富的炒饭，既满足了营养需求，又高效简便。同时，在清单上注明每份早餐所需的食材数量，方便操作，节约临时做选择的时间。

第二份是食材采购清单。你可以根据菜单设计清单，将食材按主食、蛋白质和蔬果分类。例如，炒饭的主食是二米饭，蛋白质来源是鸡蛋和虾仁，蔬菜有青豆、胡萝卜和白菜，这样列清单可以让你在购买食材时做到心中有数，确保不会漏掉任何必需的食材。一旦购买到食材，可以立即在食材采购清单上标记，以确保没有任何遗漏。这种有条不紊的方法能够帮助你更高效地准备早餐。

预处理——让你既能睡个懒觉又能享受美味早餐

预处理，让你10分钟快速搞定早餐。在前一天晚上做好准备工作，从而节省时间并提高效率。主食提前煮熟，肉类提前腌制，蔬菜提前洗净，切段或切碎。

- 主食的预处理

米饭

提前煮好米饭，可以节省早晨的时间，以下是一些提前准备米饭的建议。

1. 提前煮饭：在前一天的某个时间，煮好足够的米饭。米饭煮熟冷却后再放入密封的容器中，存放在冰箱里。
2. 分装：可以根据家庭成员的早餐需求，将煮好的米饭分成不同的分量，放入密封袋或容器中，标记好日期，早上方便取用。
3. 保持湿润：在存放米饭的容器里，放入一块浸湿的厨房纸巾，可以防止米饭变硬。

面条

提前准备面条可以帮助节省早晨的时间，确保早餐制作更加高效。以下是如何提前准备面条的建议。

1. 煮熟并冷却：提前将面条煮熟，然后用冷水冲洗，确保面条不粘在一起。稍微沥干后，放入密封袋或容器中。
2. 分装：根据早餐的需求，将煮好的面条分成适量的分量，放入密封袋或小容器中，标明日期。这样早上只需取出所需的量，非常方便。

3. 油保鲜：可以在煮熟的面条上淋少许食用油，轻轻拌匀，这样可以防止面条在冷藏或冷冻过程中粘在一起。

根茎类蔬菜

根茎类蔬菜（如土豆、红薯等）非常适合当早餐，提前准备让早餐制作更加高效。以下是一些提前准备根茎类蔬菜的建议。

1. 洗净切片/块：在前一天晚上，将根茎类蔬菜洗净并切成需要的形状，然后放入密封袋或容器中。
2. 煮/蒸熟：将根茎类蔬菜放入蒸煮锅里煮熟或蒸熟，等冷却后再储藏。
3. 分装：根据早餐的需求，可以将切好煮熟的根茎类蔬菜分成不同分量，方便取用。

- 肉类

以下是提前准备早餐中所需肉类的建议。

1. 腌制/调味：如果你打算用腌制过的肉，可以将肉进行预处理，加入自己喜欢的调味料，如盐、胡椒、酱汁等，这样肉在烹饪时会更加美味。
2. 切片/块：根据早餐菜谱的需要，提前将肉切成适合的片或块。如果是鸡胸肉或猪肉，可以切成薄片，将切好的肉分装到适合的容器中，方便早上取用。
3. 烹煮：如果你打算用熟肉，可以提前煮熟，然后冷藏或冷冻。这样早上只需加热，省去了烹饪的时间。

- 蔬菜

以下是提前准备蔬菜的建议。

1. 洗净切片/块：提前洗净蔬菜，然后根据需要，将蔬菜切成适合的形状，如片、块、丝等，切好的蔬菜放入密封袋或容器中。
2. 分装：根据需求，将切好的蔬菜分成适量的分量，方便早上取用。可以放入密封袋或容器中，标明日期和蔬菜种类。
3. 煮熟：如果你打算用熟的蔬菜，可以提前煮熟，然后冷藏或冷冻。这样早上只需加热，省去了烹饪的时间。

弹钢琴——巧妙安排制作顺序以提高效率

在设计好菜单清单后，我们继续思考如何进一步提高早餐制作效率。就像弹钢琴一样，你可以安排不同烹饪方法的顺序，利用同步进行来提高效率。例如，在蒸馒头的同时，在另一个锅里煎鸡蛋或炒蔬菜。利用这些不同任务之间的时间同步，合理安排任务并行处理，以提升早餐的制作效率。

番茄钟——带你体验每个清晨的早餐心流修行

我们在制作早餐时，要全身心地进入做早餐的心流状态。你可以尝试使用番茄钟（一种计时小闹钟，网上有售）把控烹饪时长，确保口感。番茄钟不仅适用于早餐制作，还可以用于学习、工作等其他场景。

这就是我要分享的五大高效锦囊，
希望这些方法能够帮助你提升早餐制作的效率。
享受美味的早餐，为新的一天注入活力！

四大美颜技巧，让你的早餐视觉变美

You first eat with your eyes. 当你享受美食时，你的视觉感受比你的味蕾更早地参与其中。同时，当你感到焦虑不安或情绪低落的时候，是否常常借助美食来给自己注入新的活力呢？人这一生，唯美食与爱不可辜负。所以高颜值的早餐不但会引起你的食欲，还会治愈你的心情。

选餐盘——勾勒出早餐的美感

首先，选餐盘就像我们挑选衣物一样，既要考虑实用性又要关注视觉美感。每一餐都是一场色彩的盛宴，而白色往往是最佳的背景，就像纯白的画纸，能够让红、橙、黄、绿等鲜艳色彩更加突出。

其次，不同形状和大小的餐盘适用于不同场合。圆形的餐盘适用各种类型的食物，就像是百搭的基本款衣物。而方形或矩形的餐盘则更适合展现现代感和创意菜品。此外，还要根据不同的菜品和就餐人数选择不同深浅和大小的餐盘。小而精致的餐盘适合一人份，而宽敞大气的餐盘则适合家庭聚餐或盛大宴会。

因此，选择满足自己需求的餐盘才能够让你的早餐在视觉和味觉上完美融合。

配色彩——让你的早餐颜值在线

食材色彩搭配是实现高颜值早餐的重要因素之一，它可以影响食物的视觉吸引力。以下是一些常见的食材色彩搭配原则。

田园配色　就是选用多种颜色的食材，达到五彩缤纷的效果，好像身处在瓜果丰盛的庭院中，让人赏心悦目。食材颜色的选择至少3种，红、绿、黄可任意组合，营造出生动有趣的视觉效果。

相近配色　选择颜色相近的食材进行搭配，营造出柔和的视觉效果。例如，将浅黄色的吐司与深黄色的蛋黄结合，或将不同深浅的黄色水果搭配，可以营造出和谐的配色组合。

彩虹配色

天上彩虹不常有，盘中彩虹天天见。我们选购食材时可以遵循彩虹蔬菜原则，深绿色、红色、黄色、紫色，这些深色蔬菜最好占蔬菜总量的一半以上，例如菠菜、油菜、西蓝花、青椒、番茄、胡萝卜、紫甘蓝、紫洋葱等。

做摆盘——让你的早餐秀出造型

食物的平面造型设计

不同元素的食材，可以用不同的摆盘方式来呈现，采用正方形、三角形、直线等形状来设计早餐的摆盘造型。

- 正方形摆盘

正方形摆盘会给你的作品带来平衡感。你可以尝试将食物摆放在正方形的四个角上，每个角都独具风采，却又和谐共存，创造出一种完美的平衡感。

● 三角形摆盘

三角形摆盘，形成稳定又充满时尚感的几何形状，成为你布局的巧妙帮手。食物的三角形构造，可以在视觉上赋予稳固的造型感。

● 直线摆盘

直线的元素可以用来引导观众的视线，从而将注意力引导到特定区域。直线布局通常带来简洁、现代的美感。通过精确的排列和对齐，可以创造出整齐划一的视觉效果。

食物的立体造型设计

你就像是一位谨慎的建筑师，在这个创作中，精心地叠加每一层，创造出令人印象深刻的塔状堆高。你可以采用层叠塔、金字塔等形状来设计早餐的立体摆盘造型。

- 层叠塔

这是最常见的一种形式，将相同或不同的食材层叠在一起，从底部逐渐向上构建出一个塔的形状。层叠的食材可以是蔬菜、水果、面点等，通过逐层叠放，创造出落差和层次感。

- 金字塔

这种类似于金字塔的形状，底部较宽，逐层递减。在食物摆盘中，可以使用大小不同的食材，底层较宽，上层逐渐变窄，营造出坚实而稳定的塔形。

食物的创意造型设计

秀早餐——让你的早餐美爆朋友圈

拍摄构图的“123”原则

很多人在拍摄构图时，就直接拿手机对准食物猛按快门，多拍几张，总能选出一张最好的。但其实这样做既浪费时间又浪费精力，最后还不一定能出片。所以，在这里教给大家拍摄构图的“123”原则。

“123”指的是拍摄时使用的盘子数量。

拍摄构图的“1”

如果将食物都放在一个盘子里，就可以采用中心构图法，把盘子放在画面的最中间拍摄。

拍摄构图的“2”

如果你使用了两件器皿，比如一个盘子和一个咖啡杯，可以采用对角线构图法，把盘子和杯子放置在画面的对角线上即可。

拍摄构图的“3”

如果你使用了三件器皿，可以采用三角形构图法，使图中的餐具构成一个三角形。

如果盛装的器皿超过了3个，也不用局限于一菜一碟，可以灵活地将食物组合搭配到一个盘子里。

拍摄角度的“上中下”

掌握构图方法之后，我们还要考虑拍摄角度，在这里给大家分享一下拍摄技巧的“上中下法则”。

上：俯视的角度。

中：拍摄角度和桌面呈45度，也就是说从这个画面的中部去看。

下：由下往上看，就是和桌面在一个水平线上，拍摄角度与食物平行。

以下面的图片为例，大家可以练习一下对拍摄角度的理解。

拍摄角度的“上”：俯视

拍摄角度的“中”：侧视

拍摄角度的“下”：平视

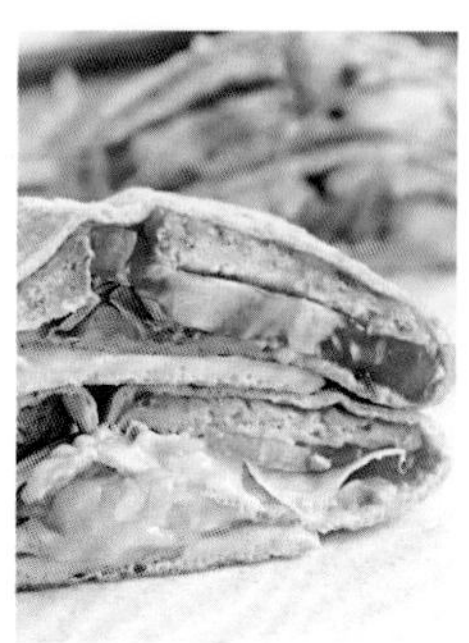
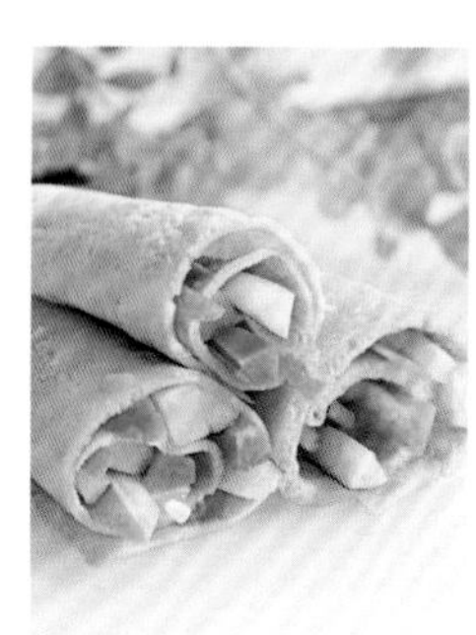

给你的美食化个妆

拍好了照片，我们离成功还有一步之遥，那就是修图。

修图其实非常重要，就像你去见朋友，想要给朋友留下好印象，你肯定不会素颜出门。而好用的修图APP就非常关键了。我自己最喜欢用的修图APP是印象，黄油相机和Snapseed也不错，大家可以根据自己的喜好下载使用。

一定要注意，修图时要一点一点地调整各项参数。初学时容易猛加亮度、对比度、饱和度等，这样处理后的照片特别容易失真。这其实跟化妆一样，度要拿捏得刚刚好，才是一个精致妆。

修图可以调整哪些部分？

第一，裁切掉你不想要的部分，优化构图。

第二，调整食物色调，使其更有食欲。

第三，增加水印或杂志风字体，让图片更有质感。

修图展示

看完修图前后的对比照片，相信你已经参透了其中的奥秘，图修得好真的会让画面更有质感。

具体的过程我就不再赘述了，因为每张图片的参数不相同，具体的呈现效果要在实际调整数据的过程中逐步探索。

希望这次的分享能打开你的美食拍摄开关，和我一起拍出闪亮朋友圈的美照，让自己每天开心快乐、能量满满，做一个有仪式感的生活记录者。

学会“三变三法”，不愁早餐变不出花样

变搭配

万能营养公式——主食+蛋白质+蔬果，助你制作出能量早餐。

变烹饪

炒、煮、蒸、煎、烤，榨汁，抹、拌、夹。
变化烹饪方式，期待你的发掘与创造。

变设计

想做不重样的早餐，从开脑洞开始。

- 道具法——使用各种模具、餐具，变化早餐的形状和图案。
- 替换法——用不同食材替换传统菜品搭配，创造新口味。
- 联想法——太阳、圣诞树、娃娃……生活中的点滴，都可以成为你创作的灵感来源。

玩出花样早餐

——怀揣“三变三法”，不愁早餐样式

一枚鸡蛋疗愈你

白煮蛋的自我蜕变

● 嫩煮蛋的做法

取出汤锅，准备好鸡蛋和冷水，我们要开始做嫩煮蛋了。

首先，在锅里加入冷水，将鸡蛋轻轻放入水中，不盖盖，煮至水沸腾时关火，迅速盖上锅盖，等待6分钟。让鸡蛋在水中悄悄“变身”。

叮咚！一枚嫩嫩的煮鸡蛋就呈现在你面前了。

● 嫩煮蛋的新玩法，给生活加点料

吃煮蛋的时候，你喜欢一口吞下，还是蘸点酱油慢慢品尝呢？有没有尝试其他的可能，为自己的生活换个口味呢？在有限的厨房调料中，你可以给煮蛋加点料，比如芥末、番茄酱、芝麻酱等，都可以成为吃煮蛋的小帮手。把煮蛋变成一个小小的料理艺术品，让自己的味蕾在早晨焕发活力。

● 给嫩煮蛋做个可爱造型

鸡蛋笑脸

主要食材

蛋白质

鸡蛋 1枚

其他

海苔 1片

操作步骤

用嫩煮蛋的方法提前煮好鸡蛋。

1. 将鸡蛋对半切开。
2. 用笑脸道具在海苔片上按出笑脸表情，摆放在鸡蛋上。

1

2

熊猫先生蛋

主要食材

蛋白质

鸡蛋……………………1枚

其他

海苔……………………1片

胡萝卜…………………少许

操作步骤

用嫩煮蛋的方法提前煮好鸡蛋。

❶ 将鸡蛋对半切开，用海苔剪出熊猫的耳朵、眼睛、鼻子和嘴巴。

❷ 在鸡蛋上摆放好切出的海苔片。

❸ 用胡萝卜剪出小三角作为熊猫的领结。

勤劳的小蜜蜂

主要食材

蛋白质

鸡蛋……………………1枚

其他

海苔……………………1片

操作步骤

用嫩煮蛋的方法提前煮好鸡蛋。

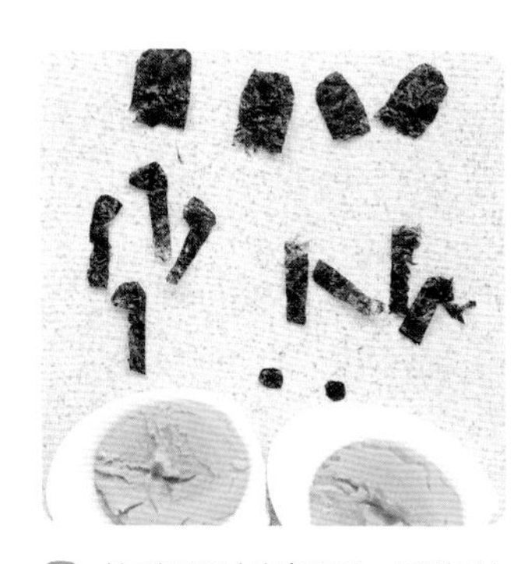

1 将鸡蛋对半切开，用海苔剪出蜜蜂的触角、翅膀、眼睛、嘴巴和条纹。

2 在鸡蛋上用剪好的海苔片摆出造型。

3 可以修饰一下蜜蜂的头部，用切下的鸡蛋做点缀。

可爱兔兔蛋

主要食材

蛋白质

鸡蛋……………………1枚

其他

海苔……………………1片

胡萝卜………………少许

操作步骤

用嫩煮蛋的方法提前煮好鸡蛋。

1. 将鸡蛋竖切成片，取其中两片作为兔子的头和身体。
2. 用鸡蛋剩余材料切成兔子的耳朵、手和脚。
3. 用海苔剪出圆圆的眼睛。
4. 用胡萝卜制作兔子的嘴巴，还可以用海苔、胡萝卜再装饰一下。

1

2

3

4

小鸡萌萌蛋

主要食材

蛋白质

鸡蛋……………………1枚

酱料

沙拉酱

其他

芝麻…………………… 少许

胡萝卜………………… 少许

操作步骤

用嫩煮蛋的方法提前煮好鸡蛋。

1. 用小刀在鸡蛋中部呈锯齿状切开。
2. 将蛋黄取出后加入沙拉酱搅拌均匀。
3. 将沙拉蛋黄搓成球状重新放入蛋白里。
4. 用芝麻做小鸡眼睛，胡萝卜做小鸡嘴巴。

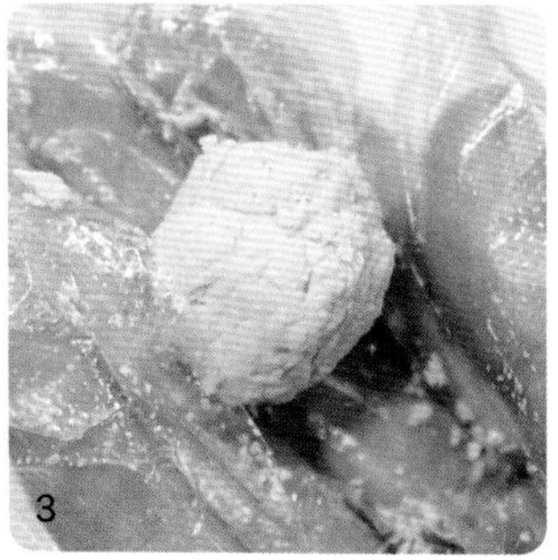

- **嫩煮蛋与土豆沙拉是绝配**

今天，我要给大家分享的是如何利用同样的食材，制作出造型千变万化的土豆泥沙拉！跟上我的脚步，让我们一起享受早餐的美好时光吧！

夏日炎炎，我们的舌尖需要来一场清凉的盛宴！让我给你介绍一对最可爱的搭档——**黄瓜和土豆泥沙拉**，嫩滑的土豆泥与清爽的黄瓜相互呼应，仿佛夏日里的蔬菜冰淇淋！

下面，我将拆解这道菜品的设计思路，教你如何设计出天天不重样的早餐！

鸡蛋土豆泥爱心沙拉

道具法

主要食材

主食

大土豆……………………1个

蛋白质

鸡蛋……………………2枚

牛奶……………………少许

蔬菜

胡萝卜…………………¼根

黄瓜……………………¼根

酱料

焙煎芝麻沙拉酱

操作步骤

把土豆切成块提前蒸煮熟，蔬菜提前切丁备用，鸡蛋按照嫩煮蛋做法提前煮熟。

1 将鸡蛋按碎。

2 土豆加两勺牛奶搅拌成泥。

3 把蔬菜丁、土豆泥和鸡蛋碎装进一个大碗里，加入沙拉酱。

4 用勺子搅拌均匀。

5 将沙拉装入爱心模具里做造型，也可以选择自己喜欢的模具。

替换法

没有模具也不怕。

土豆泥黄瓜卷

主要食材

主食

大土豆……1个

蛋白质

鸡蛋……2枚

牛奶……少许

虾仁……3只

蔬菜

胡萝卜……1/4根

黄瓜……1根

酱料

焙煎芝麻沙拉酱

操作步骤

鸡蛋土豆泥沙拉的做法同前。

1. 黄瓜用刮皮刀刮成薄片，半叠放在一起。
2. 鸡蛋土豆泥沙拉均匀抹在黄瓜片上。
3. 从一端卷起变成卷。
4. 切成约3指宽的小段即可。

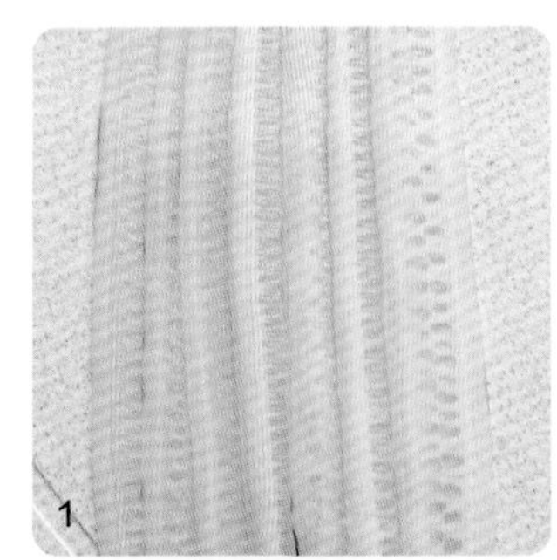

1

2

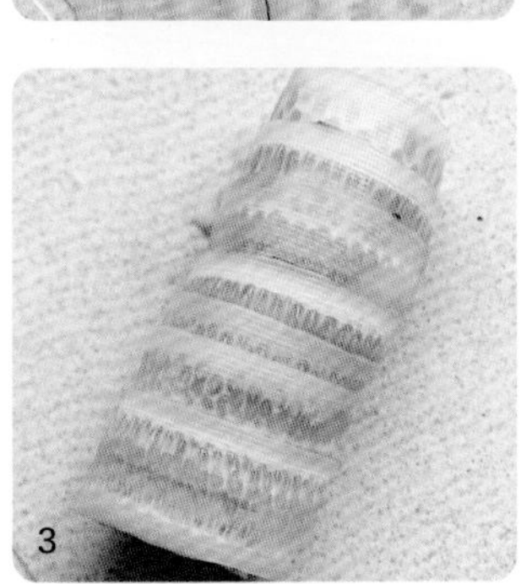

3

4

✧ 在土豆泥黄瓜卷的基础上变换卷法，点缀上熟虾仁。

操作步骤

❶ 把鸡蛋土豆泥沙拉捏成椭圆块状。

❷ 将黄瓜片在土豆泥块外裹一圈，可根据情况点缀熟虾仁。

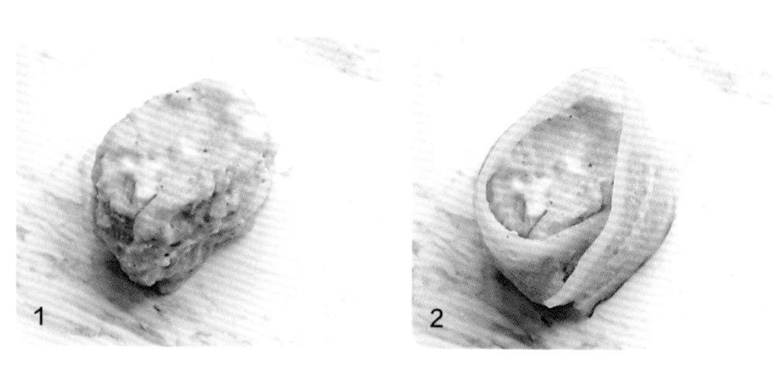

✦ 联想法

把食材全部剁碎，加入沙拉酱，堆成火山。

操作步骤

虾仁可提前煮熟。

❶ 把胡萝卜、黄瓜和熟虾仁切成丁。

❷ 切好的丁、土豆泥和鸡蛋碎装进一个大碗里，加入沙拉酱拌匀即可。

土豆泥黄瓜花环

主要食材

主食

大土豆……………………1个

蛋白质

鸡蛋…………………… 2枚

熟鲜虾……………… 5～6个

牛奶…………………… 少许

蔬菜

胡萝卜………………… ¼根

黄瓜……………………… 1根

酱料

焙煎芝麻沙拉酱

操作步骤

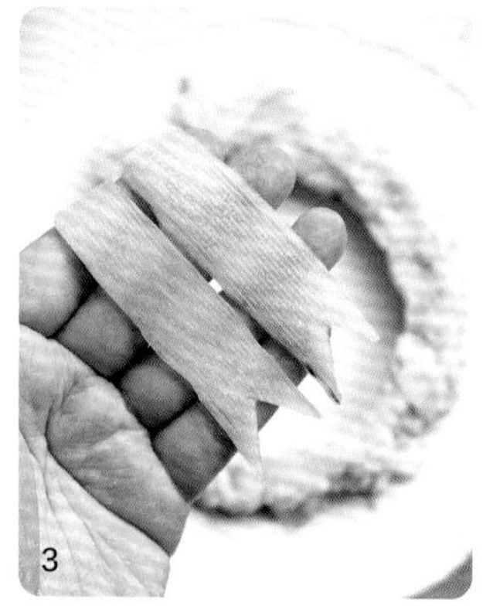

鸡蛋土豆泥沙拉的制作同前。

❶ 在盘子中间倒扣一个碗，把鸡蛋土豆泥沙拉沿碗边摆放成花环状。

❷ 黄瓜刨出长片，把黄瓜片做成蝴蝶结状。

❸ 把黄瓜片的末端剪出三角形，变成丝带样。

❹ 将黄瓜蝴蝶结放在最上面做装饰即可。

创意总结：

从简单的嫩煮蛋，到口感丰富的鸡蛋土豆泥沙拉，再到可爱造型的创意，来一场鸡蛋与土豆的早餐冒险吧！纵使我们的生活每天都充满了忙碌和单调，但别忘了给早餐加点料，为生活注入一些小确幸。

鸡蛋卷的内卷之路

● **鸡蛋卷的基础玩法**

鸡蛋打散做成蛋饼后卷起来，就变成了松软可口的鸡蛋卷。

主要食材

蛋白质

鸡蛋 2枚

牛奶 1汤匙

> **温馨提醒**
>
> 煎蛋皮一定要注意火候，用中火来做，这样蛋皮才会有滑嫩的口感哦！

操作步骤

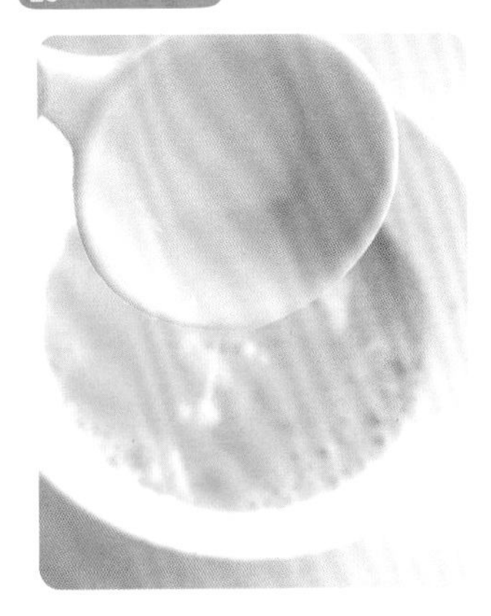

1 鸡蛋打散，加入盐和黑胡椒粉调味。

2 加入少许牛奶。

3 平底锅加热刷油，蛋液倒入做成蛋皮。

4 将蛋皮盛出卷起来。

5 将蛋皮卷切成小段。

6 将小段竖直摆放可以更清晰地看到鸡蛋卷造型，也可撒些芝麻装饰。

双色鸡蛋卷

将蛋黄和蛋白分开处理，分别煎熟后再拼在一起卷起来，就可以制作出美观的双色蛋卷了。

主要食材

蛋白质

鸡蛋 3枚

牛奶 2汤匙

火腿 1片

蔬菜

胡萝卜 1小块

操作步骤

火腿和胡萝卜提前切丁，也可根据喜好加入其他食材。

❶ 把蛋黄和蛋白分别放在两个碗里，加入牛奶、盐和黑胡椒粉后搅拌打散，再加入火腿丁和胡萝卜丁。

❷ 锅内加热刷油，中间放一根筷子，两边分别倒入蛋黄液和蛋白液，用中火煎至表面凝固。

❸ 将煎好的蛋皮取出，蛋白皮和蛋黄皮重叠后从一边卷到另一边，切成适当的小段即可。

- 一旦掌握了单色蛋卷和双色蛋卷的制作技巧，就如同打开了创意的大门。
- 以下是我基于鸡蛋卷的形状设计的几款造型，你有没有其他想法呢？

联想法

鸡蛋卷花花

主要食材

蛋白质

鸡蛋 3枚

牛奶 2汤匙

蔬菜

胡萝卜 1小块

生菜 1片

操作步骤

❶ 把蛋黄和蛋白分别放在两个碗里，加入牛奶、盐和黑胡椒粉后搅拌打散。

❷ 锅内加热刷油，倒入蛋白液用中火煎至表面凝固。

❸ 用硅胶铲和筷子一起将蛋白皮轻轻卷起后，放在锅边处。

❹ 继续倒入蛋黄液煎至表面凝固。

❺ 转动蛋白卷，将蛋黄皮裹在外面。

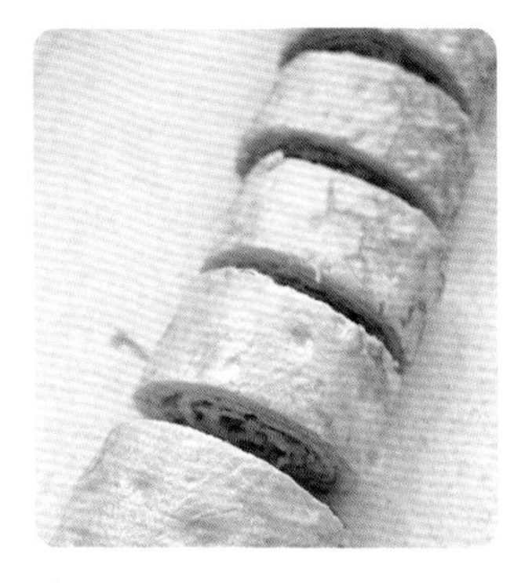

❻ 将鸡蛋卷切成适当的小段。

❼ 用胡萝卜块做花心，鸡蛋卷段做花瓣。

❽ 用生菜叶子做枝叶，一朵鸡蛋卷花花就搞定啦！

主要食材

蛋白质

鸡蛋……………………3枚

蔬菜

胡萝卜…………………少许

操作步骤

胡萝卜刨丝装饰，亦可食用或选择其他食材。

1. 将蛋黄和蛋白分别放在两个碗中，充分打散，加入盐和黑胡椒粉调味。
2. 平底锅加热刷油，将蛋液分别倒入锅内做成蛋饼。
3. 将两片蛋饼重合卷起来再切段即可。

蛋卷大眼萌萌

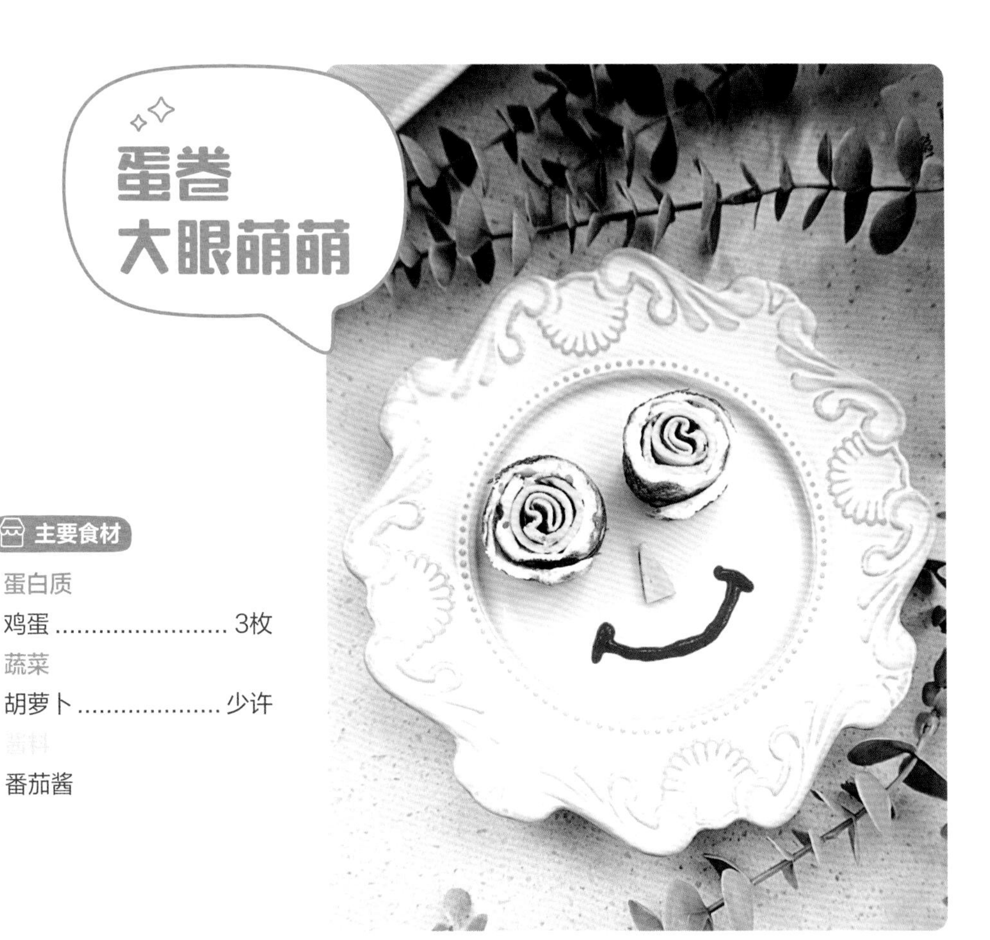

主要食材

蛋白质

鸡蛋 3枚

蔬菜

胡萝卜 .... 少许

酱料

番茄酱

操作步骤

1. 双色蛋卷的做法同前。

2. 将煎好的蛋皮取出，从蛋黄皮开始卷到蛋白皮为止，切成适当的小段。

3. 蛋卷段做眼睛，切蛋皮三角做鼻子，用番茄酱画上嘴巴。

✦ 联想法

蝴蝶鸡蛋卷

主要食材

蛋白质

鸡蛋 3枚

牛奶 2汤匙

配料

番茄酱

操作步骤

❶ 双色蛋卷的做法同鸡蛋卷花花。

❷ 用番茄酱画出蝴蝶的眼睛和身体。

❸ 用双色蛋卷来作蝴蝶的翅膀。

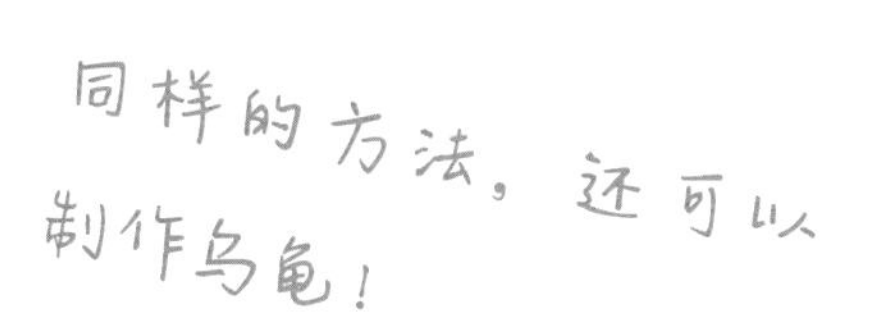

✧ 将蛋黄卷卷在中间，蛋白卷卷在外边，制作出美观的520爱心蛋卷。

520爱心蛋卷

主要食材

蛋白质

鸡蛋 3枚

牛奶 2汤匙

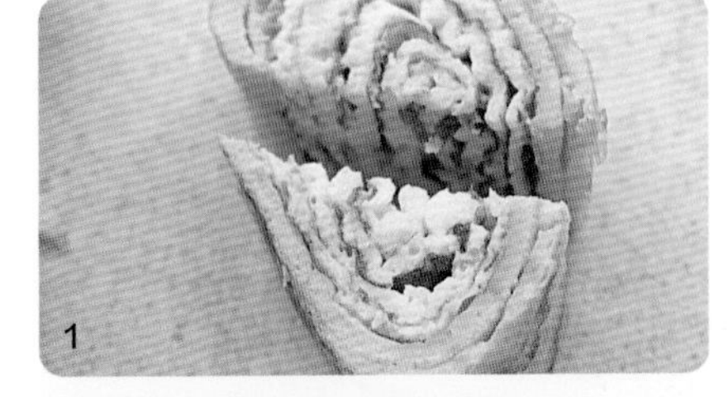

操作步骤

双色蛋卷的做法同前。

1. 用刀斜着从中间切开。
2. 把其中一块反转后和另一块拼成爱心状。

• 鸡蛋卷的进阶玩法

鸡蛋卷不再只满足通过“内卷”来温暖自己，它还想要为他人带去欢乐。那么，我们在鸡蛋卷的基础上加入芦笋或虾仁呢？让我们一起来探索吧！

主要食材

蛋白质	蔬菜
鸡蛋........................3枚	芦笋.................. 4~5根
牛奶..................... 2汤匙	

操作步骤

1. 把芦笋焯水后备用。
2. 锅内加热刷油，放入芦笋煎至微焦，撒上盐和黑胡椒粉。
3. 将鸡蛋打散，加入少许牛奶，加入盐和黑胡椒粉调味。
4. 锅内加热刷油，倒入蛋液，让蛋液均匀覆盖锅底，用中火煎至表面凝固，可撒些黑芝麻。
5. 将煎好的蛋皮取出，从一边卷到另一边，切成适当的小段。
6. 把蛋卷段摆成花形。
7. 把煎好的芦笋切长段，插入每个蛋卷段的中心即可。

鲜虾芦笋鸡蛋卷

主要食材

蛋白质

鸡蛋 3枚

鲜虾 .... 4~5只

蔬菜

芦笋 .... 4~5根

操作步骤

1. 芦笋焯水，蛋皮的制作同前。
2. 将煎好的蛋皮取出，切成小片。
3. 把芦笋尾部打结，用蛋皮包裹起来。
4. 将鲜虾煮熟去壳，摆在蛋皮上装饰。

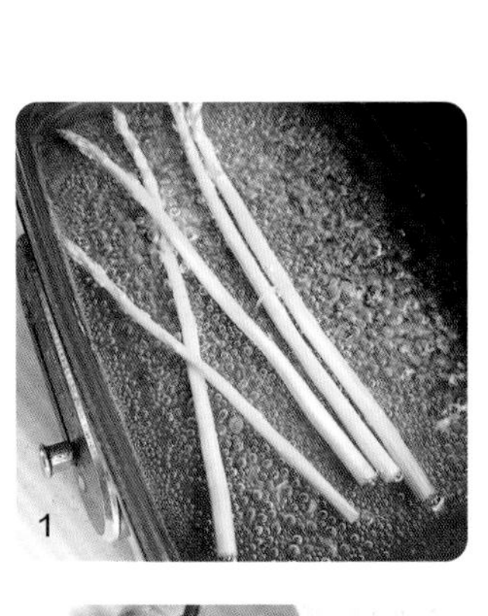

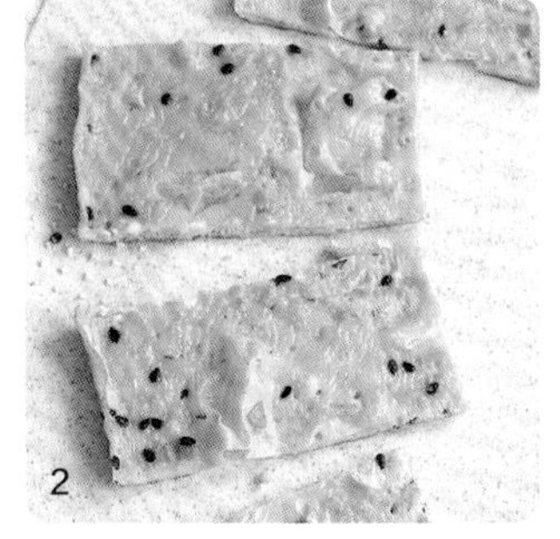

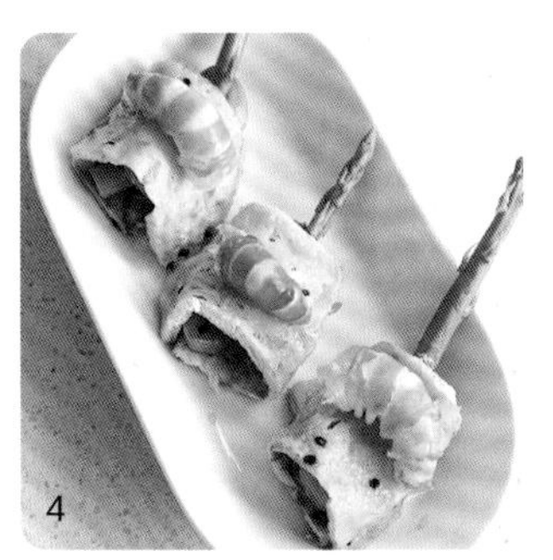

- **相同食材，如何玩转不一样的鸡蛋卷**

一旦你掌握了制作鸡蛋卷的基础技巧，那么接下来的问题就是如何变出更多的花样了。你可以使用相同的食材和烹饪方法，但改变蔬菜的切法或食材的组合方式，来为鸡蛋卷注入全新的魅力。

这次的早餐挑战我选择的食材仅有四种：面粉、鸡蛋、黄瓜和胡萝卜。

黄瓜胡萝卜单色蛋卷

主要食材

主食+蛋白质		蔬菜	
面粉	1小碗	胡萝卜	$\frac{1}{4}$根
鸡蛋	3枚	黄瓜	$\frac{1}{4}$根
牛奶	2汤匙		

操作步骤

可以用番茄酱或酱油来调味。

1 将鸡蛋打入碗中，加入少许牛奶，适量的盐和黑胡椒粉搅拌。

2 在蛋液里倒入面粉继续搅拌。

3 胡萝卜和黄瓜用研磨机打碎。

4 蔬菜碎倒入混合蛋液里。

5 锅内加热刷油，倒入混合蛋液，让蛋液均匀覆盖锅底，用中火煎至表面凝固。

6 将煎好的蛋皮取出，从一边卷到另一边，切成适当的小段即可。

黄瓜胡萝卜
双色蛋卷

主要食材

主食+蛋白质

面粉 ……………………1小碗

鸡蛋 …………………… 3枚

蔬菜

胡萝卜 …………………¼根

黄瓜 ……………………½根

芦笋 ……………… 2～3根

操作步骤

一部分黄瓜切片，另一部分黄瓜和胡萝卜分别用研磨机打碎备用，芦笋煮熟备用。

1 把蛋黄和蛋白分别放在两个碗里。

2 胡萝卜碎和面粉加入蛋白液里，黄瓜碎和面粉加入蛋黄液里。

3 分别打散混合搅拌均匀。

4 锅内加热刷油，分别倒入蛋黄和蛋白的混合液，一面煎至金黄色后翻面煎熟。

5 将煎好的蛋皮取出，蛋白皮和蛋黄皮重叠后从中间卷起来，中间加入黄瓜片，用煮熟的芦笋打个结即可。

黄瓜胡萝卜三色蛋卷

主要食材

主食+蛋白质

面粉……1小碗

鸡蛋……3枚

蔬菜

胡萝卜……1根

黄瓜……1根

酱料

焙煎芝麻沙拉酱

操作步骤

❶ 胡萝卜和青瓜用刨刀刨成长薄片。

❷ 鸡蛋打散后加入面粉均匀搅拌。

❸ 锅内加热刷油，倒入混合蛋液，让蛋液均匀覆盖锅底，用中火煎至表面凝固。

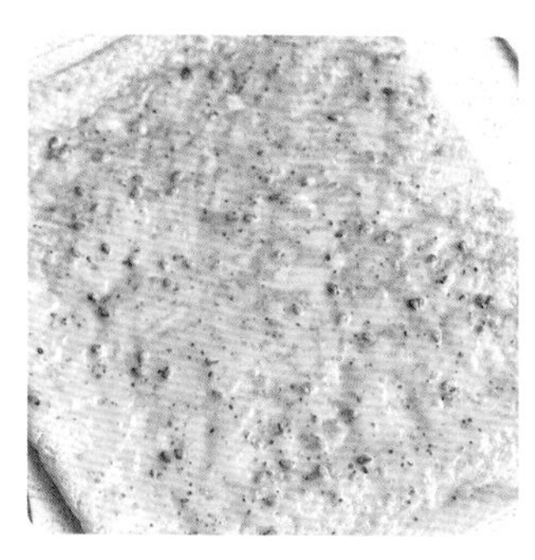

❹ 将煎好的蛋皮取出，均匀抹上沙拉酱。

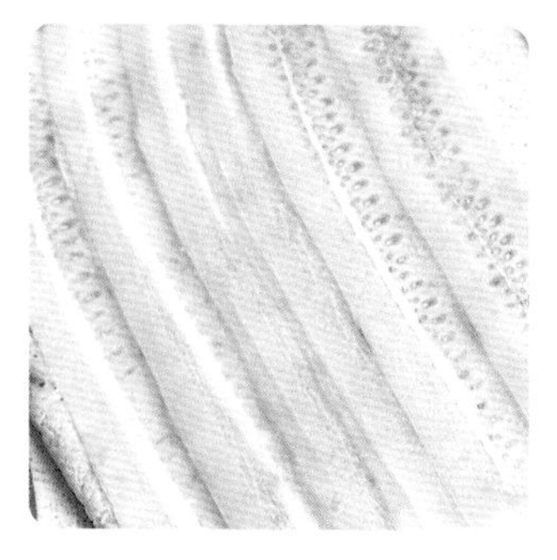

❺ 将黄瓜薄片铺在蛋饼上。

❻ 将胡萝卜薄片铺在黄瓜薄片上。

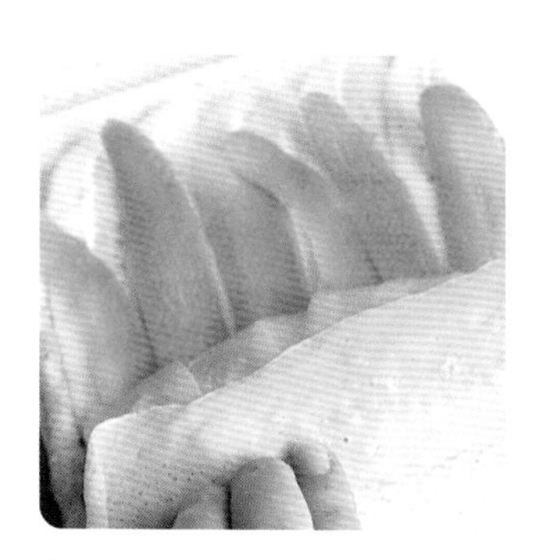

❼ 蛋饼从一边卷到另一边。

❽ 用刀切成适当的小段即可。

中间可以塞入黄瓜片装饰，或者用黄瓜片打个蝴蝶结也很不错哦。

黄瓜胡萝卜沙拉蛋卷

主要食材

主食+蛋白质

面粉 1小碗

鸡蛋 3枚

蔬菜

胡萝卜 .... ½根

黄瓜 .... ½根

酱料

焙煎芝麻沙拉酱

操作步骤

1 胡萝卜和黄瓜切成长条。

2 鸡蛋打散后加入面粉搅拌均匀。

3 锅内加热刷油，倒入混合蛋液，让蛋液均匀覆盖锅底，用中火煎至表面凝固。

4 将煎好的蛋皮取出切成四片。

5 均匀抹上沙拉酱，再将蔬菜条铺在蛋饼上。

6 从一边卷到另一边，将裹上蔬菜条的蛋饼卷成卷。

创意总结：

从松软的蛋卷，到探索蛋卷的花样，再到用蛋卷温暖包裹美好时光，最后演变成创意无限的蛋卷早餐。看似简单的食材，却蕴含着无限的创意和乐趣。这种独特的思维方式让早餐不再是任务，而是每天都充满趣味的挑战，为早起的每一天注入期待和活力。

可在“早餐小饼”公众号中，输入“鸡蛋”学习更多拍摄技巧。

无论是自己享受小美好还是传递快乐给别人，人生都可以过得很开心。“躺平”的日子也可以过得很充实，只要有一颗乐观向上的心，就能得到更多快乐的体验。

- **躺平的鸡蛋饼**

可爱熊薄蛋饼

主要食材

蛋白质

鸡蛋……………………2枚

牛奶……………………少许

酱料

番茄酱

操作步骤

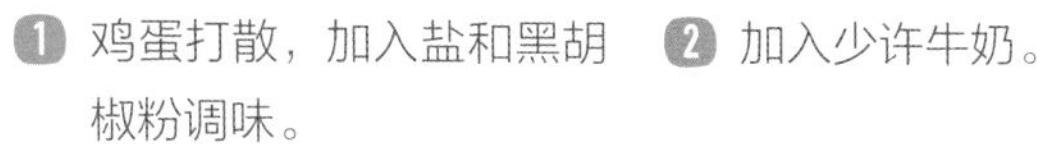

1. 鸡蛋打散，加入盐和黑胡椒粉调味。
2. 加入少许牛奶。

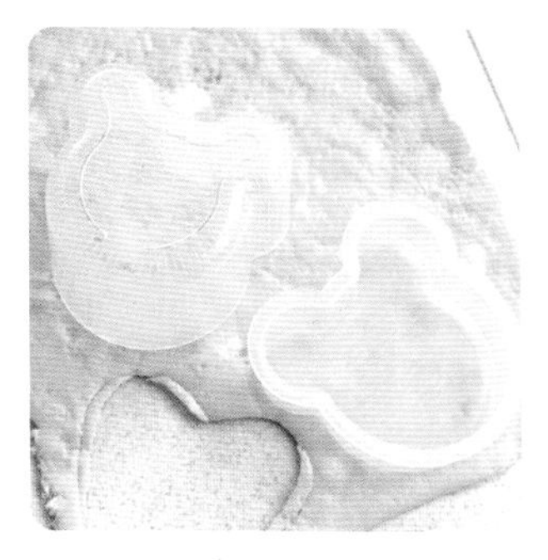

3. 平底锅加热刷油，蛋液倒入做成蛋皮。
4. 用饭团模具在蛋皮上按出小熊形状。

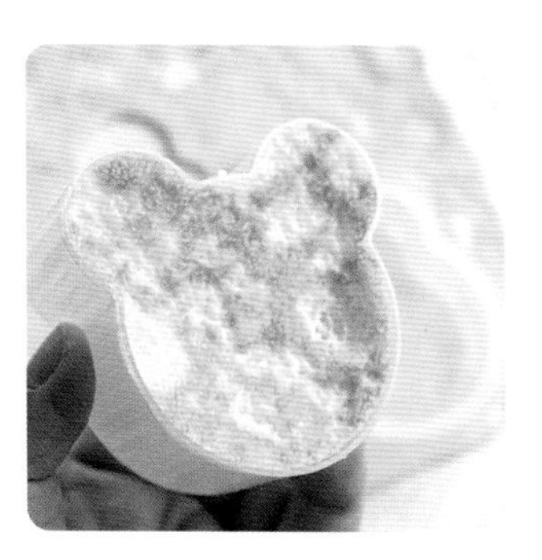

5. 小熊蛋皮脱模。
6. 用番茄酱点上眼睛和嘴巴即可。

双色泼墨薄蛋饼

主要食材

蛋白质

鸡蛋 3枚

蔬菜

西蓝花 .... 少许

胡萝卜 .... 少许

操作步骤

西蓝花和胡萝卜提前焯水切碎备用。

1. 将蛋黄和蛋白分开，充分打散，加入盐和黑胡椒粉调味。
2. 将西蓝花碎加入蛋黄液里，胡萝卜碎加入蛋白液里拌匀。
3. 平底锅加热刷油，先倒入蛋白液再倒入蛋黄液，煎至成形。
4. 翻面后煎至熟透。

1

2

3

4

爱心烤蛋

主要食材

蛋白质

鸡蛋 2枚

操作步骤

① 将鸡蛋打入爱心模具中，加入盐和黑胡椒粉调味。

② 放入烤箱温度调至200℃，烤5～7分钟。

> 小贴士
> 由于烤箱的功率不同，烤制时长根据自身情况调整。

百变的厚蛋饼

在激情搅拌蛋液的时候，加入一点儿牛奶，就像给蛋饼穿上了一层柔软的“羽绒服”，口感细腻丰富。

还可以根据自己的口味，选择加入米饭、面条、燕麦、年糕或馒头作为主食的补充。

当然别忘了用肉增添浓厚的味道。可以选择牛肉、鸡肉、虾仁、蟹肉或鱼片等。

最后，别忘了蔬菜！将色彩斑斓的蔬菜加入蛋液中，如胡萝卜、洋葱、菠菜、彩椒、西蓝花、豌豆等，给蛋饼增添一抹生机勃勃的颜色。

蔬菜的三种处理方式

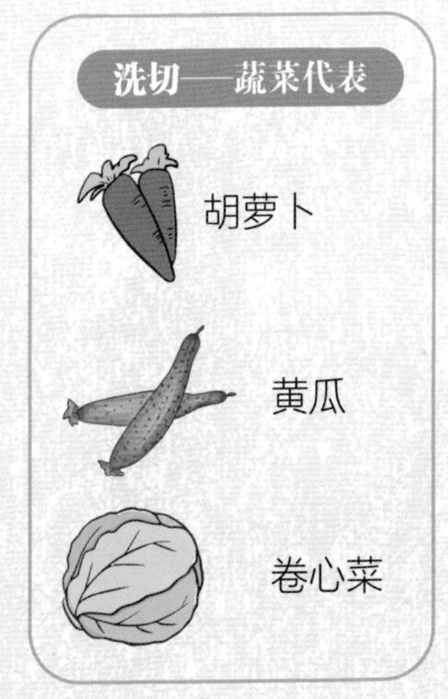

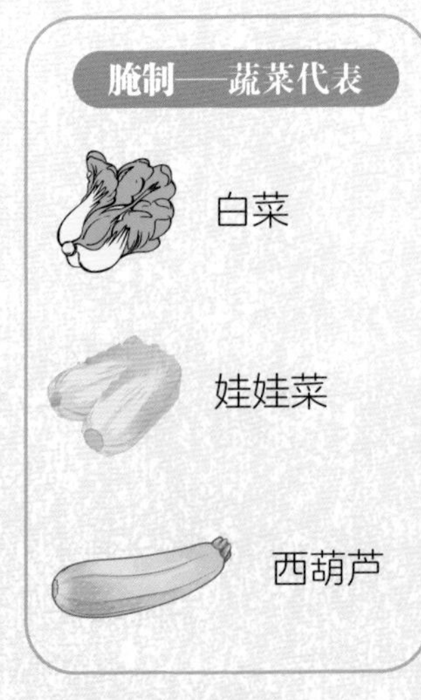

高效小技巧

想要早餐高效完成，必须提前准备。年糕、米饭、红薯、土豆需要提前蒸熟或煮熟，蔬菜提前洗净切段，第二天即使起得晚也不要紧，5分钟就能搞定早餐。

蔬麦厚蛋饼

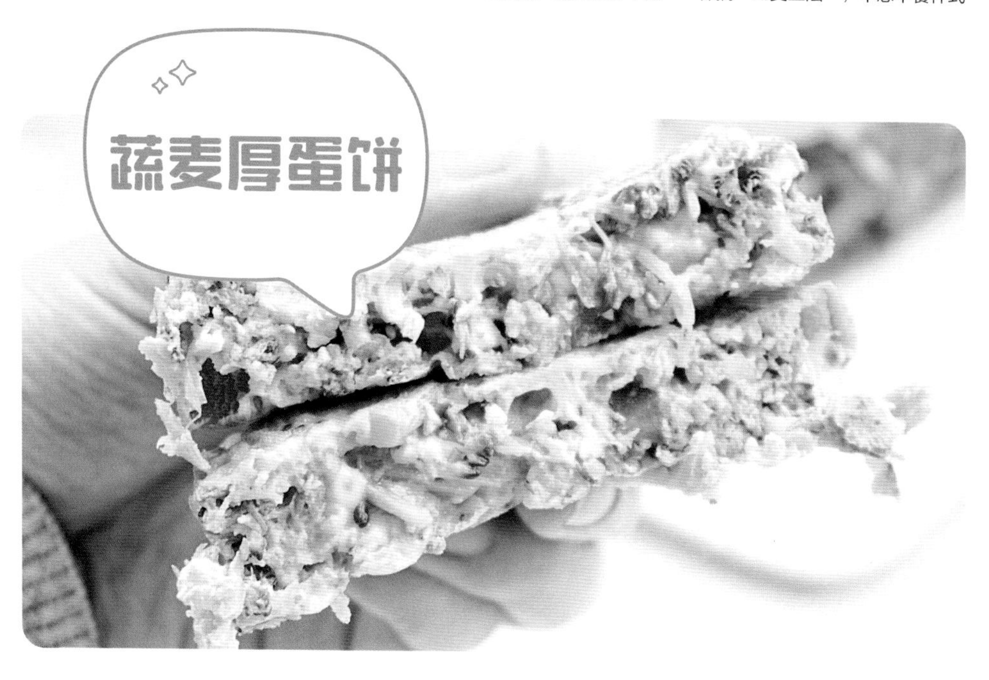

主要食材

主食

即食燕麦……1小碗

蛋白质

鸡蛋……2枚

内酯豆腐……¼盒

虾皮……少许

蔬菜

胡萝卜……¼根

西蓝花……少许

操作步骤

西蓝花、胡萝卜提前焯水切碎，内酯豆腐捣碎备用。

1. 将即食燕麦和蛋液搅拌均匀。
2. 混合蛋液里加入蔬菜碎、豆腐碎和虾皮继续搅拌均匀，用盐、生抽和蚝油调味。
3. 锅里加热刷油，将混合好的蛋液倒入。
4. 蔬麦蛋饼凝固后翻面煎，两面呈现金黄色即可。

1

2

3

4

时蔬年糕厚蛋饼

主要食材

主食

年糕 1份

蛋白质

鸡蛋 2枚

肉丸 .... 少许

蔬菜

青菜 .... 2~3棵

胡萝卜 .... 少许

操作步骤

提前煮熟年糕和肉丸，切片备用；青菜焯水切小段，胡萝卜切碎。

❶ 碗里磕入鸡蛋打散。

❷ 将年糕片、肉丸片、胡萝卜碎和青菜段放入蛋液里搅拌均匀。

❸ 锅里加热刷油，将混合的蛋液倒入盘里，撒上盐和黑胡椒粉调味，煎至熟透。

时蔬吐司厚蛋饼

主要食材

主食

吐司 2片

蛋白质

鸡蛋 2枚

即食鸡胸肉 1块

蔬菜

胡萝卜 .... $\frac{1}{4}$根

西蓝花 .... $\frac{1}{3}$个

南瓜 .... 少许

操作步骤

将胡萝卜和西蓝花提前焯水切碎，南瓜蒸熟备用。

1. 吐司切成小块，和蛋液充分混合。
2. 放入处理好的蔬菜，加入盐和生抽调味。
3. 蛋液和蔬菜丁搅拌均匀。
4. 锅里加热刷油，将混合的蛋液倒入盘里，煎至双面熟透。

1

2

3

4

时蔬土豆厚蛋饼

主要食材

主食

土豆……1个

蛋白质

鸡蛋……2枚

蔬菜

西蓝花……1/4根

胡萝卜……1/3根

操作步骤

土豆提前蒸熟，胡萝卜、西蓝花焯水。

1 将所有食材切碎备用。

2 鸡蛋磕入碗中打散。

3 将切好的食材全部倒入蛋液中，搅拌均匀，加入盐和黑胡椒粉调味。

4 锅里加热刷油，将混合好的蛋液倒入盘里。

5 一面煎至金黄色熟透后，翻面煎熟即可出锅。

主要食材

主食+蛋白质

面粉……………………1小碗

鸡蛋……………………2枚

虾仁………………5~6只

蔬菜

西蓝花…………………少许

胡萝卜………………$\frac{1}{3}$根

葱花……………………少许

西蓝花、胡萝卜和虾仁提前焯水煮熟。

❶ 鸡蛋打散。

❷ 蛋液里加入面粉和葱花搅拌均匀。

❸ 将蔬菜和虾仁切碎。

❹ 将切碎的食材加入面粉蛋液里搅拌均匀，加入盐和生抽调味。

❺ 锅里加热刷油，将混合的蛋液倒入盘里，煎至双面熟透。

时蔬饺子
蛋饼

主要食材

主食

饺子 .... 7~8个

蛋白质

鸡蛋 2枚

蔬菜

西蓝花 .... 少许

胡萝卜 .... 少许

操作步骤

饺子提前煮熟，西蓝花和胡萝卜提前打碎备用。

1 鸡蛋打散。

2 蛋液里加入蔬菜碎，用盐和生抽调味。

3 锅里加热刷油，倒入蔬菜蛋液做成蛋饼。

4 蛋液半熟时，加入煮好的饺子。

创意总结：

相同的早餐菜品，却因为不同的食材组合方式而玩出了千变万化的美味。这就是鸡蛋饼早餐的奇妙之处，不仅简单易做，而且还能随时带上路。

可在“早餐小饼”公众号中，输入“鸡蛋”学习更多拍摄技巧。

一片吐司治愈你

鸡蛋和吐司的爱恨情仇

想象一下，如果现在你的冰箱里只有吐司和鸡蛋，根据不同的烹饪方法和设计组合，你能创造出几种菜品呢？

别担心，给你介绍“相互独立”和“融合包含”这两种超有意思的菜谱设计思路，让鸡蛋吐司变变变！

• 相互独立

如果你希望鸡蛋和吐司是相互独立的，就可以通过改变烹饪方法来变换菜品！鸡蛋就像是变装艺术家，它可以变身成白煮蛋、滑蛋、煎蛋或烤蛋。同样的食材，是不是能创造出不同的吐司三明治？

• 融合包含

让鸡蛋液和吐司充分融合，继续通过改变烹饪方式来玩转不重样的鸡蛋吐司早餐。融合的第一步就是将蛋液充分打散成浓稠的金黄蛋液。

白煮蛋三明治

白煮蛋

✧ 不想吃1个白煮蛋+2片吐司，吐司夹白煮蛋怎么样？

主要食材

主食

吐司……………………2片

蛋白质

鸡蛋……………………3枚

酱料

沙拉酱

操作步骤

提前煮好鸡蛋（水开后关火闷煮6分钟）。

1. 鸡蛋切碎后加入沙拉酱拌匀。
2. 吐司沿对角线切开。
3. 把鸡蛋碎均匀抹在一片吐司上。
4. 盖上另一片吐司即可。

小贴士

鸡蛋切得越碎口感越好，沙拉酱可以选择香甜口味的。

1

2

3

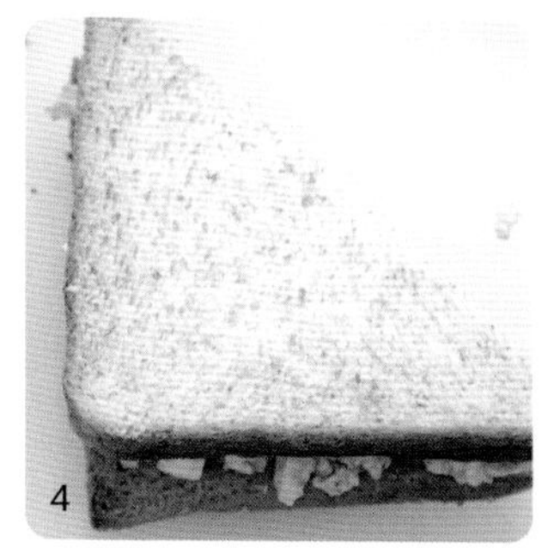

4

✧ 是不是还可以做成开放式三明治？鸡蛋里是不是可以增加其他食材？加点牛油果试一试吧。

牛油果鸡蛋沙拉吐司

主要食材

主食

吐司 1片

蛋白质

鸡蛋 1枚

蔬菜

牛油果 .... ½个

圣女果 2个

操作步骤

提前煮好鸡蛋（水开后关火闷煮6分钟）。

1. 鸡蛋切碎后加入沙拉酱拌匀。
2. 将牛油果捣碎拌入鸡蛋碎中。
3. 把牛油果鸡蛋碎均匀抹在一片吐司上，可装饰圣女果片。

◇ 绿色的圣诞树除了牛油果之外，是不是可以换成黄瓜试一试？

✦ 联想法

鸡蛋黄瓜圣诞树吐司

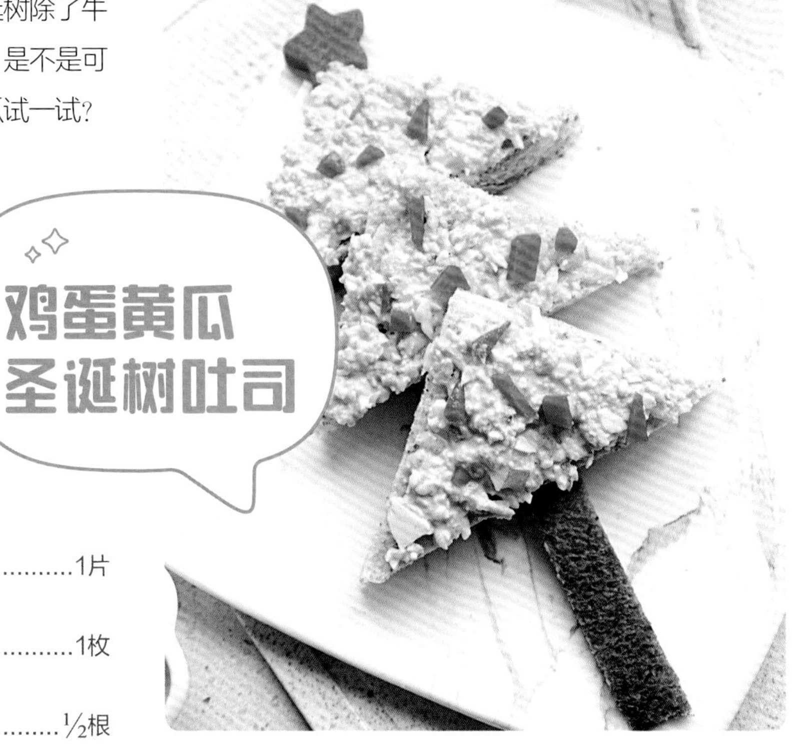

主要食材

主食

吐司……………………1片

蛋白质

鸡蛋……………………1枚

蔬菜

黄瓜……………………$\frac{1}{2}$根

胡萝卜…………………少许

酱料

沙拉酱

操作步骤

提前煮好鸡蛋（水开后关火闷煮6分钟）。

1. 白煮蛋切碎后和黄瓜条放入研磨机里，打成泥状。
2. 将沙拉酱倒入鸡蛋黄瓜泥里搅拌均匀。
3. 吐司沿对角线切成四个小三角。
4. 将鸡蛋黄瓜泥均匀抹在吐司三角上，摆放成圣诞树的样子，上面用胡萝卜作为点缀。

炒鸡蛋

✧ 如何炒出嫩滑的滑蛋呢？鸡蛋里加点牛奶打散，油热后关火快速炒。

滑蛋三明治

主要食材

主食

吐司 2片

蛋白质

鸡蛋 2枚

牛奶 1汤匙

操作步骤

1 在碗里磕入鸡蛋后，加入牛奶。

2 鸡蛋打散，加入适量盐和黑胡椒粉搅拌均匀。

3 平底锅加热刷油，油烧热后关火，把蛋液倒入锅里快速翻炒，炒出滑嫩的质感。

4 把滑蛋均匀抹在一片吐司上。

5 盖上另一片吐司，沿对角线切开即可。

滑蛋牛油果吐司

主要食材

主食

吐司……2片

蛋白质

鸡蛋……2枚

牛奶……少许

蔬果

牛油果……½个

酱料

沙拉酱

操作步骤

1. 滑蛋的制作方法同前。
2. 牛油果捣成泥均匀抹在吐司片上。
3. 放上滑蛋后挤上沙拉酱即可。

金发娃娃吐司

主要食材

主食

吐司……………………1片

蛋白质

鸡蛋…………………… 2枚

酱料

番茄酱

操作步骤

❶ 吐司对半切开，修饰成娃娃的脸。

❷ 鸡蛋打散，加入盐和黑胡椒粉搅拌均匀。

❸ 平底锅加热刷油，将蛋液倒入平底锅内。

❹ 用锅铲快速搅散成蛋碎。

❺ 将鸡蛋碎均匀摆在切好的吐司上面做成头发的样子。

❻ 用番茄酱在吐司上画眼睛，嘴巴可以用吐司边做，也可以用番茄酱画。

联想法

如果抛开滑蛋的外形来看，那浓郁的黄色像不像灿烂的阳光？给人一种愉悦和满足的感觉。

主要食材

主食

吐司……………………1片

蛋白质

鸡蛋…………………… 2枚

酱料

番茄酱

操作步骤

1 鸡蛋打散，加入盐和黑胡椒粉搅拌均匀。

2 平底锅加热刷油，将蛋液倒入锅内快速搅散成蛋碎。

3 用小碗在吐司上按出圆形作为太阳。

4 将鸡蛋碎均匀摆在圆形吐司的周围作为阳光。

5 用番茄酱在圆形吐司上画圈。

6 用番茄酱在盘子边上画上光芒。

烤蛋三明治

主要食材

主食

吐司 1片

蛋白质

鸡蛋 1枚

操作步骤

❶ 用爱心道具在吐司中间按出心形。

❷ 在吐司中间打入一个鸡蛋，撒上盐和黑胡椒粉。

❸ 烤箱预热至200℃，放入烤箱烤8分钟。

彩椒圈鸡蛋烤吐司

✧ 除了在中间镂空外，还有什么方式能把鸡蛋和吐司粘在一起呢？是不是可以用彩椒圈或是洋葱圈来做“容器”，圈住鸡蛋呢？

主要食材

主食

吐司……………………2片

蛋白质

鸡蛋……………………2枚

蔬菜

彩椒……………………½个

操作步骤

1. 将彩椒切成圈，放在吐司上。
2. 在圈内打入一个鸡蛋，撒上盐和黑胡椒粉。
3. 烤箱预热至200℃，放入烤箱烤8分钟。

牛油果烤鸡蛋吐司

主要食材

主食

全麦吐司....................1片

蛋白质

鸡蛋..........................1枚

蔬果

牛油果....................$\frac{1}{2}$个

操作步骤

1. 在吐司上用勺子按一个凹面，打入鸡蛋。
2. 将吐司送入烤箱，预热200℃烤8～10分钟。
3. 烤制过程中，将牛油果捣碎。
4. 将牛油果泥抹在吐司边上即可。

✧ 如果不用外围“容器”，还有什么方式呢？可以按压吐司来形成一个凹面，将鸡蛋包裹其中，选择厚一些的吐司更易做造型。

煎鸡蛋

爱心煎蛋吐司

主要食材

主食

吐司 1片

蛋白质

鸡蛋 1枚

（选用可生食的鸡蛋）

操作步骤

1. 将吐司中间用模具按出一个心形。

2. 平底锅加热刷油，把吐司片放入。

3. 在中间心形处打入鸡蛋，用中火慢慢煎熟，最后撒上盐和黑胡椒粉调味。

吐司鸡蛋卷

✦ 替换法

◇ 如果把鸡蛋打散后煎成蛋饼，和吐司一起卷起来呢？这样制作的吐司蛋卷，外层是软嫩的蛋饼，内层包裹着松软的吐司，口感丰富，试试看吧，保证让人赞不绝口！

主要食材（两人份）

主食

吐司 4片

蛋白质

鸡蛋 3枚

操作步骤

1 鸡蛋打散，加入盐和黑胡椒粉调味。

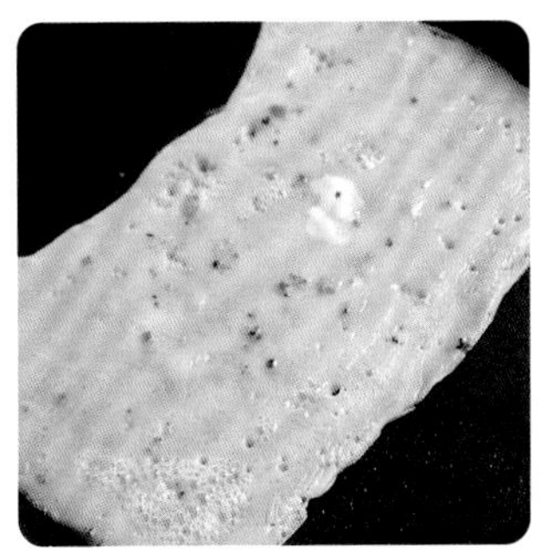

2 平底锅加热刷油，蛋液倒入做成蛋皮。

3 将切半去边的吐司片放在蛋皮上（可根据蛋皮的大小处理）。

4 从一边慢慢地卷起。

5 将吐司鸡蛋卷对半切开即可。

小贴士

蘸点番茄酱味道很赞！

吐司鸡蛋比萨

✦ 替换法

✧ 如果把鸡蛋饼当作是比萨饼底，吐司是不是就是比萨上的配料呢？这种比萨早餐也是一种有趣而美味的尝试。试试看吧！

主要食材

主食

吐司........................2片

蛋白质

鸡蛋........................2枚

操作步骤

1. 鸡蛋打散，加入适量盐和黑胡椒粉搅拌均匀。
2. 将吐司切成小块。
3. 平底锅加热刷油，将蛋液倒入平底锅里，让蛋液充分铺满平底锅。
4. 再放上吐司块，转小火煎至蛋液凝固即可。

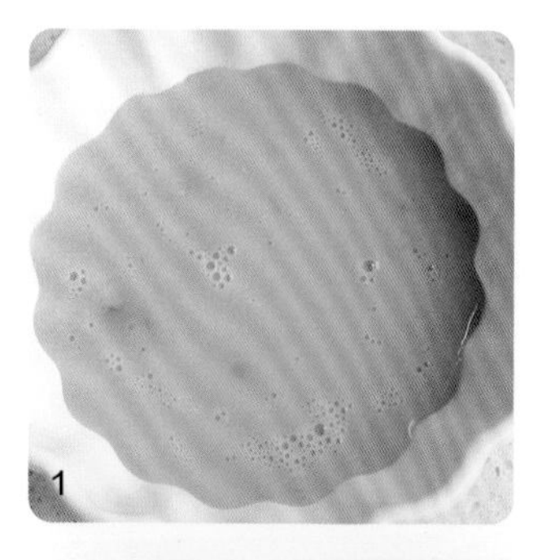

小贴士

出锅前加入芝士碎更美味哦！

鸡蛋炒吐司

炒吐司

主要食材

主食

吐司........................2片

蛋白质

鸡蛋........................2枚

操作步骤

1. 鸡蛋打散，加入适量盐和黑胡椒粉搅拌均匀，吐司切小块充分浸入其中。
2. 平底锅加热刷油，倒入吐司块和鸡蛋液，轻轻翻炒至鸡蛋变熟，也可撒些黑芝麻。

1

2

小贴士

鸡蛋炒吐司可以直接食用，也可以配上番茄酱、辣椒酱或其他调味酱享用。

时蔬鸡蛋炒吐司

✧ 如果在鸡蛋炒吐司的基础上顺便炒蔬菜呢？就像炒饭一样，这样的做法不仅增加了菜品的口感，还让早餐更加营养。

主要食材

主食

吐司 2片

蛋白质

鸡蛋 2枚

蔬菜

青菜、胡萝卜 .... 少许

酱料

豆瓣酱

操作步骤

1. 将吐司切成小块，浸在鸡蛋液中。
2. 平底锅加热刷油，倒入吐司块和鸡蛋液。
3. 蔬菜切碎后放入锅里继续翻炒。
4. 加入豆瓣酱翻炒至食材熟透。

煎吐司

草莓黄金吐司

主要食材

主食

吐司 …………………… 2片

蛋白质

鸡蛋 ……………………1枚

蔬果

草莓 …………………… 2颗

操作步骤

1. 将吐司切成田字四块。
2. 鸡蛋打散，加入适量盐和黑胡椒粉搅拌均匀，吐司块浸入其中。
3. 平底锅加热刷油，将浸泡好的吐司块放入热锅中，煎至两面金黄。草莓对半切开摆上即可。

小贴士

可以选择自己喜欢的水果点缀。

黄金吐司四色拼盘

✧ 黄金吐司搭配可爱形状的蔬果，是不是又有不同的味觉和视觉体验了呢？

主要食材

主食

吐司 2片

蛋白质

鸡蛋 1枚

蔬果

圣女果 1个

胡萝卜、黄瓜、蓝莓 .... 适量

操作步骤

1. 将吐司切成田字四块，浸入调味的鸡蛋液中。
2. 平底锅加热刷油，将浸泡好的吐司块放入热锅中，煎至两面金黄。
3. 用模具把蔬菜切出造型，和水果一起放在吐司上即可。

可爱熊黄金吐司

主要食材

主食

吐司 2片

蛋白质

鸡蛋 1枚

其他

海苔、番茄酱

操作步骤

1. 在吐司中间用模具按出小熊图案。

2. 鸡蛋打散，加入适量盐和黑胡椒粉搅拌均匀。

3. 将小熊吐司块浸泡在蛋液中，确保两面充分浸润。

4. 平底锅加热刷油，将浸泡好的吐司块放入热锅中，煎至两面金黄即可。

5. 用海苔和番茄酱做小熊的眼睛和鼻子。

鸡蛋烤吐司

主要食材

主食

吐司……………………2片

蛋白质

鸡蛋……………………2枚

操作步骤

1. 鸡蛋打散，加入适量盐和黑胡椒粉搅拌均匀，吐司切小块后浸入。
2. 预热烤箱至200℃后，烤8分钟，直到鸡蛋完全熟透，吐司呈现金黄色。还可以加入坚果丰富口感。

1

2

吐司纸杯蛋糕

联想法

主要食材

主食

吐司........................ 2片

蛋白质

鸡蛋........................ 2枚

操作步骤

1. 鸡蛋打散，加入适量盐和黑胡椒粉搅拌均匀，吐司切小块浸入其中。
2. 在纸杯内壁刷油后，将吐司蛋液倒入杯中。预热烤箱至200℃后，烤8分钟，直到鸡蛋完全熟透，吐司呈现金黄色。

1

2

时蔬鸡肉吐司塔

✧ 在鸡蛋烤吐司的基础上，再增加一些蔬菜，是不是就有了更多色彩和味道？而且还能解决早晨蔬菜不足的问题！

主要食材

主食

吐司……………………1片

蛋白质

鸡蛋……………………2枚

即食鸡胸肉……………1片

蔬菜

西蓝花、胡萝卜、南瓜

……………………………适量

操作步骤

西蓝花、胡萝卜和南瓜提前焯水切碎。

1. 南瓜压成泥放在锡纸杯底部，吐司切小块加入。
2. 将即食鸡胸肉撕碎，和蔬菜碎一起放入锡纸杯里。
3. 鸡蛋打散成蛋液，倒入锡纸杯，加入盐和黑胡椒粉调味。
4. 预热烤箱后，调温200℃烤10分钟，直到鸡蛋完全熟透，吐司呈现金黄色。

创意总结：

早餐中，鸡蛋和吐司是常见食材。然而，如何让这些常用的食材不再是单调的白煮蛋搭吐司，而是来一场早餐的奇妙相遇，这是让人感到有趣的挑战。鸡蛋，因其变化多样的特性，为烹饪提供了无限的可能。在这场食材的变化组合中，流动的蛋液与成块的吐司交汇，开启了一场美味的奇妙之旅。

吐司、酸奶、水果，三姐妹的闺蜜情谊

吐司就像是一张白纸，可以随心所欲地折叠、切割、涂抹，不同的方法可以创造出多种吐司造型。为了让你更深刻地感受到这份乐趣，并且体验到背后的无限创意，我决定只使用吐司、酸奶和水果这些有限的食材来创作。

● 吐司卷

吐司的翻滚大冒险，你想知道怎么玩吗？超级简单！就是把吐司擀平后卷起来，让吐司变成一个迷人的卷卷。

✦ 替换法

主要食材

主食

吐司……………………2片

蛋白质

酸奶……………………1小罐

鸡蛋……………………1枚

蔬果

火龙果…………………½个

操作步骤

1 吐司切去四边，用擀面杖擀薄。

2 抹上酸奶。

3 火龙果切长条均匀摆放。

4 轻轻卷起，均匀裹上蛋液。

5 锅内加热刷油，小火煎至表面金黄。

6 切成小段即可。

火龙果可以换成芒果。如果觉得裹蛋液麻烦，可以直接煎一下。

火龙果香蕉酸奶吐司卷

主要食材

主食

吐司 2片

蛋白质

酸奶 1小罐

鸡蛋 1枚

蔬果

火龙果、香蕉 .... 适量

操作步骤

1 将香蕉对半切开，火龙果用勺子压成泥。

2 吐司切去四边，用擀面杖擀薄。

3 抹上酸奶后，再抹上火龙果泥。

4 放上香蕉段。

5 轻轻卷起后均匀裹上蛋液。

6 锅内加热刷油，小火煎至表面金黄，切段即可。

如果把火龙果换成牛油果呢？

● **吐司块**

我们可以把吐司切成一小块一小块的，就像搭建吐司城堡一样，每一块吐司都有无限可能。

联想法

LOVE草莓酸奶双层吐司

主要食材

主食

吐司........................ 2片

蛋白质

酸奶...................... 1小罐

蔬果

草莓........................ 5颗

操作步骤

1. 把两片吐司切十字分成八块。
2. 草莓一部分切碎，一部分切出“LOVE”的字母形状。
3. 下层的吐司片上均匀抹上酸奶，撒上草莓碎后盖上吐司块。
4. 在上层的吐司块上抹上酸奶。
5. 将字母草莓块依次摆放在吐司块上。

草莓也可以换成
火龙果试试哦！

水果酸奶吐司拼盘

✧ 不开灶的玩法，日日想念的四色拼盘。

主要食材

主食

吐司.......................... 1片

蛋白质

酸奶........................1小罐

蔬果

香蕉、芒果、葡萄、火龙果

..................................适量

操作步骤

❶ 把吐司切十字分成四块，均匀抹上酸奶。

❷ 把水果切成小块。

❸ 把不同颜色的水果分别摆放在四块吐司块上。

芒果蓝莓酸奶吐司小鱼

✦ 联想法

主要食材

主食

吐司 2片

蛋白质

酸奶 1小罐

蔬果

小芒果 1个

蓝莓 .... 5～6颗

小鱼的其他造型

操作步骤

1. 先把吐司沿对角线切成两个三角形，将其中一个三角形再对半切成两个小三角形。
2. 将切好的吐司三角摆成小鱼状。
3. 将酸奶均匀抹在吐司三角上。
4. 根据喜好摆放切好的水果，用蓝莓做眼睛，芒果块装饰身体。

水果吐司冰淇淋

✦ 联想法

主要食材

主食

吐司………………………… 1片

蛋白质

酸奶………………………… 1盒

蔬果

小芒果 …………………… 1个

猕猴桃 …………………… 1个

火龙果 ………………… ½个

做法步骤

1. 把吐司的边切掉。
2. 把吐司切成三个三角形。
3. 水果切片后依次摆放，作为冰淇淋球。
4. 用勺子将酸奶抹在吐司上即可。

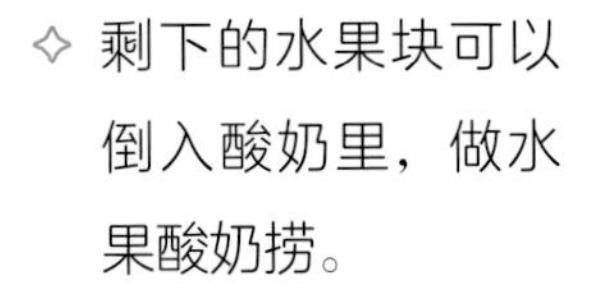

冰淇淋的其他造型。

吐司还可以换成燕麦鸡蛋饼，体会不同的口感。

● 吐司画

让我们以吐司为画布，用各种颜色的食材加上我们的创意，“画”出美味的艺术品。吐司画有平面画和立体画之分，一起来试试看吧！

圣诞老人吐司

✦ 联想法

主要食材

主食

吐司........................... 1片

蛋白质

酸奶........................1小盒

蔬果

草莓......................2~3颗

蓝莓........................... 3颗

操作步骤

1. 把草莓切成片。
2. 在吐司下方用酸奶画出三角形，吐司上方摆放草莓片。
3. 用酸奶画出白色的眉毛，放上蓝莓做眼睛。

◇ 如果把酸奶换为奶酪呢？

郁金香奶酪吐司

主要食材

主食

吐司.......................... 2片

蛋白质

奶酪棒 2支

蔬果

豆芽菜 1小把

草莓......................2~3颗

圣女果 ....3~4个

操作步骤

1. 奶酪棒放在吐司上，放入微波炉加热30秒。
2. 加热后将奶酪均匀抹在吐司上。
3. 用焯水后的豆芽菜摆叶子。
4. 草莓切片，再切锯齿状摆成郁金香的样子。
5. 圣女果切月牙片摆成郁金香的样子。

1 2

3

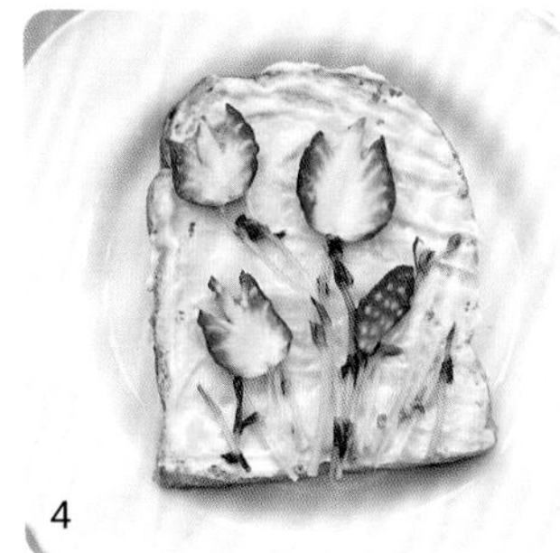

4

5

富士山下樱花
樱花树下

莫奈睡莲

春日油菜花

酸奶吐司画

我们可以用刮刀作为画笔勾勒出精美的图案，用蔬果粉和酸奶调成颜料绘制出绚丽的色彩，让吐司变成一幅充满生机和美感的艺术品。

主要食材

主食

吐司……………………… 2片

蛋白质

希腊酸奶（酸奶要选择超级浓稠的）…………… 1小杯

其他

草莓果粉、蝶豆花粉、菠菜粉（选择各种颜色的蔬果粉）…………………… 适量

操作步骤

❶ 准备食材和刮刀。

❷ 将蔬果粉和酸奶均匀调和。

❸ 用白色的酸奶画出山顶的积雪，用粉色调和酸奶画出山下的樱花林。

❹ 用蓝色调和酸奶画出富士山。

选择一幅你喜欢的绘画作品来尝试早餐画创作吧。

芒果花酸奶吐司

除了平面画之外，我们还可以用吐司、水果和酸奶做成立体画，把吐司中间挖空，将水果做成花的造型。把它送给你爱和爱你的人吧。

主要食材

主食

吐司……………………………… 2片

蛋白质

酸奶…………………………… 适量

蔬果

苹果……………………………… 1个

芒果……………………………… 1个

草莓……………………………… 1颗

操作步骤

1 将芒果去皮切成薄片；苹果带皮切成薄片后，稍微加热一下，以防氧化；草莓切片。

2 分别用芒果薄片和苹果薄片摆成花朵。

3 用模具在一片吐司上挖出心形，在另一片吐司上抹上酸奶，将镂空的吐司盖在上面，依次摆上芒果花和苹果花，装饰草莓片即可。

创意总结：

通过吐司卷、吐司块和吐司画这三种造型设计方法，你可以在餐桌上呈现出与众不同的作品。不仅可以提升早餐的美感，还能激发创造力。这不再是简单地完成一道早餐菜谱，而是突破自我的思维和认知，将吐司早餐变成一场创意的表演。

可在“早餐小饼”公众号中输入“吐司”学习更多拍摄技巧。

吐司绝不是只能做三明治

在做早餐私教的时候，我发现大家都有一个共同的问题：如何在不浪费食材的前提下，每天都吃上不一样的早餐。于是，我就给自己提出了一个有趣的挑战：用吐司、鸡蛋、虾仁、生菜、胡萝卜、番茄来制作一周不重样的早餐。记住，生活可以是一场有趣的游戏，早餐也可以变成充满创意和惊喜的冒险！

“三变三法”实践案例

第一步　变搭配	主食	吐司		
	蛋白质	鸡蛋	虾仁	
	蔬菜	生菜	胡萝卜	
第二步　列菜品	变烹饪	煎	煎	
	变设计	（替换法）鸡蛋饼	（替换法）烘蛋	
	菜品	时蔬吐司鸡蛋饼	时蔬吐司烘蛋	
	做加法	吐司+鸡蛋+虾仁+生菜+番茄	吐司+鸡蛋+虾仁+生菜+胡萝卜+番茄	
	选辅料	沙拉酱、芝士	芝士碎	
第三步　快速出	预处理	虾仁提前焯水	虾仁和胡萝卜焯水	
	选道具	平底锅	平底锅	
第四步　做摆盘	餐盘选择	方形平盘	圆形平盘	
	摆盘技巧	层叠塔	平铺	
	拍摄技巧	平视	俯视	

想要让早餐在10分钟内搞定，最关键的步骤就是列清单，今天我就做个示范——如何做一份早餐清单，可以实现每日高营养、高颜值、高效率的3HIGH早餐。

番茄		
炒	泡	烤
（联想法）吐司盒子	（替换法）罗宋汤配法棍	（替换法）比萨
时蔬炒吐司盒子	时蔬番茄浓汤泡吐司	鸡蛋时蔬吐司比萨/时蔬虾仁吐司比萨
吐司+鸡蛋+虾仁+生菜+胡萝卜	吐司+鸡蛋+虾仁+生菜+胡萝卜+番茄	吐司+鸡蛋+虾仁+胡萝卜+生菜+番茄
—	番茄酱	番茄酱、沙拉酱
虾仁和胡萝卜焯水	虾仁和胡萝卜焯水	除了鸡蛋和芝士外，其他食材摆好造型放在冰箱冷藏
平底锅/烤箱	炒锅	烤箱
方形平盘	有边的圆形汤碗	方形平盘
堆高	平铺	平铺
俯视	斜视	俯视

煎吐司

你是否有早上路过鸡蛋饼摊，被香喷喷的鸡蛋饼诱惑，却来不及排队购买的经历？你有没有想过在家里自己做呢？你曾经想过用吐司来替代不好处理的面糊吗？是不是觉得这个点子颇有创意？别犹豫，我们一起试试吧！

主要食材

主食

吐司........................... 2片

蛋白质

鸡蛋........................... 2枚

虾仁......................7～8个

芝士........................... 1片

蔬菜

生菜...................4～5片

番茄........................ 1个

酱料

沙拉酱

❶ 平底锅加热刷油，倒入打散的鸡蛋液煎至半熟。

操作步骤

虾仁提前焯水，番茄切大片。

❷ 蛋饼上刷上沙拉酱后放入两个半片吐司。

❸ 吐司上放上两片番茄。

❹ 依次放上生菜和虾仁，再放上芝士片。

❺ 将蛋饼从两边向中间对折。

❻ 对半切开即可。

小贴士

煎蛋饼全程用中小火，避免底面焦黑，沙拉酱可以用自带咸味的焙煎芝麻沙拉酱或是千岛酱。

时蔬吐司烘蛋

◇ 意式烘蛋是一款以蛋为基础，包含肉、乳酪、蔬菜，甚至是意大利面的非常灵活的菜品。受烘蛋的启发，看看我能为你做出什么样的早餐吧！

主要食材

主食

吐司........................... 2片

蛋白质

鸡蛋........................... 2枚

虾仁......................7~8个

芝士碎 ....适量

蔬菜

生菜......................2~3片

胡萝卜 ....$\frac{1}{4}$根

番茄..........................$\frac{1}{2}$个

洋葱..........................少量

操作步骤

提前将虾仁和胡萝卜丁焯水。

❶ 将蔬菜切成丁，吐司切成小块。

❷ 平底锅加热刷油，爆香洋葱丁。

❸ 锅里加入虾仁翻炒。

❹ 加入番茄丁和胡萝卜丁翻炒。

❺ 再加入生菜丁和吐司块翻炒。

❻ 转小火，倒入打散的鸡蛋液。

❼ 撒上芝士碎、盐和黑胡椒粉调味。

❽ 盖上锅盖焖3～5分钟即可。

小贴士

如果使用灶台，在最后焖的过程中全程小火，最好使用平底锅，保持底面均匀加热。

时蔬炒吐司盒子

- 炒吐司

在“鸡蛋和吐司的爱恨情仇”一节里，有一道时蔬鸡蛋炒吐司，我发现这道料理的造型还可以再创新一下。这时，脑海里浮现出了冰淇淋吐司盒子……

主要食材

主食

吐司………………………… 2片

蛋白质

虾仁……………………7～8只

蔬菜

生菜、胡萝卜、洋葱……适量

操作步骤

提前将虾仁和胡萝卜焯水。

❶ 吐司中间切出方形。

❷ 将吐司框放入烤箱温度调至185℃烤3～5分钟。

❸ 蔬菜切碎，切下的吐司切丁。

❹ 平底锅加热刷油，洋葱丁爆香和虾仁翻炒。

❺ 加入蔬菜碎和吐司丁继续翻炒，加入盐、黑胡椒粉和蚝油调味。

❻ 两片烤好的吐司框叠起，将炒好的食材放入中间。

小贴士

吐司中间挖空的部分可以切得大一些，方便装炒好的食物。

时蔬番茄浓汤泡吐司

• 泡吐司

随着天气转凉，热腾腾的早餐成为了一天中最温暖的开始。有些人钟情于汤面，有些人喜欢热粥，而我个人则深深迷恋着那一碗令人陶醉的罗宋汤。今天我想给大家带来一场小小的挑战——主食只有吐司，如何在不失美味的前提下搭配暖胃的热汤呢？

主要食材

主食	蔬菜	酱料
吐司……2片	生菜……2~3片	番茄酱
蛋白质	胡萝卜……$\frac{1}{4}$根	
虾仁……7~8只	番茄……$\frac{1}{2}$个	
	洋葱……少许	

操作步骤

提前将虾仁和胡萝卜焯水。

❶ 吐司切块，放入烤箱温度调至185℃加热5分钟烤脆。

❷ 将洋葱、番茄、生菜、胡萝卜切碎。

❸ 平底锅加热刷油，洋葱碎爆香后放入虾仁、胡萝卜碎和番茄碎翻炒。

❹ 加入番茄酱和水后放入生菜碎翻炒。

❺ 出锅前加入盐、蚝油调味，还可用水淀粉勾芡。

❻ 将烤好的吐司块泡在浓汤里即可。

● 烤吐司

在我看来，烤吐司比萨是一种特别省时的烹饪方法。在烤制过程中，你可以去洗漱穿衣，全程不需要守在厨房。更妙的是，食材可以根据家人的口味自由搭配。

主要食材

主食

吐司……2片

蛋白质

虾仁……7~8只

芝士碎……适量

蔬菜

青菜……2~3片

胡萝卜……1/4根

番茄……1/2个

洋葱……少许

酱料

番茄酱、沙拉酱

操作步骤

虾仁提前焯水。

❶ 蔬菜切碎。

❷ 吐司上抹上番茄酱和沙拉酱。

❸ 取一片吐司将蔬菜碎摆成环形。

❹ 环形中间打入鸡蛋。

❺ 撒上芝士碎，用盐和黑胡椒粉调味。

❻ 将蔬菜混合平铺在另一片吐司上。

❼ 摆上虾仁，再撒上芝士碎，用盐和黑胡椒粉调味。

❽ 预热烤箱后，调温至200℃，烤10分钟，直到鸡蛋完全熟透。

小贴士

除了鸡蛋和芝士，其他食材摆好造型，前一天晚上放在冰箱冷藏，第二天早上只需加鸡蛋和芝士放入烤箱10分钟搞定。

创意总结：

通过煎、炒、泡和烤这些烹饪方法，吐司不再只能做三明治，它成为了一个拥有无限可能的魔法舞台。每一次尝试，都是一次味觉的探险，让你的早餐变得多彩而美味。

一碗面条温暖你

这次，我们以面为主题，使用早餐创作四步法，来玩转一年四季不重样的面条早餐。第三步快速出和第四步做摆盘在此就不赘述了，本章着重讲解一下第一步变搭配和第二步列菜品的设计思路。

第一步　变搭配

● 形形色色的面条

不同的原材料赋予了面条不同的特点，精面制作的白面条口感细腻，全麦面条富含膳食纤维和维生素，而荞麦面条散发出坚果般的香气。还有红豆面条、绿豆面条、玉米面条、红薯面条、乌冬面等，各具风味。

再来看看面条的形状，长短、粗细、空心实心，还有螺旋状的。面条的世界就是一个充满惊喜的美食宝盒。

● 五彩缤纷的配菜

还记得心法篇里提到的五指拳头营养心法吗？全谷物主食+优质蛋白质+五彩蔬菜，一碗单调的阳春面也可以吃出一道彩虹。

此外，应季食材总是以其新鲜的口感，给人带来愉悦的味觉体验。

春季，嫩绿的芦笋、豆苗、脆嫩的春笋以及芬芳的新鲜蘑菇，以清淡的汤底为伴，仿佛是一幅春日的风景画。

夏季，红艳的番茄、翠绿的黄瓜、金黄的鸡蛋，还有一些令人垂涎的海鲜，配上带有一抹酸口的汤底，就像是夏日微风中的清凉。

秋季，胡萝卜、南瓜、洋葱和土豆等食材，让汤底更加浓郁，就像秋天的果实一样，香气四溢。

冬季，鲜美的牛肉、醇香的羊肉、清甜的白萝卜以及各种香料，使得汤底浓厚而滋补，宛如冬日里的披风，温暖着我们的身体。

四季面条不变的核心理念是，选择应季食材，让我们在四季更替中，品味大自然的馈赠，感受季节的美妙。

● 五花八门的调料

经典调料

酱油：就像一位经验丰富的“大厨”，为你的面条增添了浓郁的味道和颜色。无论你是偏好轻盐还是咸鲜口味，酱油都会成为你的得力助手。

蚝油：这位香气浓郁的调味“达人”，给早餐面带来了丰富的鲜味和香气。但请记住，选择正宗蚝油，才能享受到最佳的口感和品质。

辣椒酱：如果你对辛辣口味充满兴趣，就大胆加入辣椒酱吧！根据个人的口味，选择不同种类和辣度的辣椒酱。

番茄酱：番茄酱是早餐面中的瑰宝，为面条增添了酸甜的风味和绚丽的色彩。

万能自制调料

清汤面调料：两勺生抽、半勺蚝油、一勺老抽、一勺香油、适量盐、葱花、芝麻。

葱油面调料：两勺生抽、半勺蚝油、一勺老抽、一勺葱油（将葱段用油炸出葱油）、适量盐、葱花、芝麻。

海鲜面调料：两勺生抽、半勺蚝油、一勺老抽、一勺虾油（将虾头用油炸出虾油）、适量盐、葱花、芝麻。

麻酱面调料：辣椒面、蒜末、葱花，淋上热油，再加两勺生抽、半勺蚝油、一勺老抽、两勺芝麻酱。

万能商用调料

冬阴功酱——冬阴功汤面

寿喜烧酱——日式寿喜汤面

味噌酱——日式味噌汤面

咖喱酱——海鲜咖喱汤面

豚骨酱——豚骨汤面

第二步 列菜品

汤面

汤面的魅力在于将柔软的面条与美味的汤汁融为一体，既有清淡的清汤，又有热辣似火的辣汤，还有酸爽的酸辣汤，无论你喜欢哪一种，汤面都能满足你的味蕾。

拌面

拌面是一种将面条和调味酱汁拌匀的吃法，使得面条充分吸收酱汁的鲜香。无论是热拌面还是凉拌面，都能给人们带来多样的口感和滋味。

- **番茄味**

番茄的自然酸味为拌面带来了清新的口感，使拌面更加爽口和开胃，让人难以抗拒。番茄味的拌面常常以其鲜艳的红色而闻名，为视觉效果增色不少。

炒面

炒面，可不像一般的炒菜，它是一门独特的烹饪艺术。要让一碗炒面变得好吃，有三个配料不可或缺——洋葱、蚝油和酱油。它们就像是炒面的黄金组合，不管你放进去什么食材，都会让这份炒面的味道达到满分！

鲜虾时蔬
清汤面

主要食材

主食

蔬菜面……………………1把

蛋白质

鸡蛋……………………1枚

鲜虾…………………… 3只

蔬菜

胡萝卜…………………1/4根

娃娃菜……………4~5片

香葱…………………… 少许

操作步骤

胡萝卜和娃娃菜提前洗净切片或段，胡萝卜可用模具切出星星状。

1. 锅里烧水，煮沸后加入面条、胡萝卜片，并打入鸡蛋。
2. 2~3分钟后加入娃娃菜段和鲜虾（煮面的时候可以调汤料）。
3. 香葱切碎，加入1勺老抽、1勺蚝油、2勺生抽、少许香油，冲入面条汤。
4. 加入煮好的面，摆上蔬菜碎、鸡蛋和鲜虾即可。

鲜虾时蔬
海鲜面

主要食材

主食

蔬菜面……………………1把

蛋白质

鸡蛋………………………1枚

鲜虾……………… 8～10只

蔬菜

胡萝卜………………… 1/4根

娃娃菜……………… 4～5片

生菜………………… 3～4片

❶ 锅内加热后倒入油，油温加热到五成时，放入虾头煎至变焦脆，加入清水。

❷ 用漏勺捞起虾头。

操作步骤

提前熬虾油，如果时间充裕，也可现熬虾油。提前处理蔬菜。

❸ 水开后，加入面条、鲜虾、娃娃菜段和胡萝卜片。

❹ 最后加入生菜段，煮开后加入盐和生抽调味即可出锅。

熬虾油的方法

把虾头分离，锅里加入20～25毫升油，油温加热到五成，放入虾头熬至虾头变焦脆捞出，虾油放入冰箱冷藏。

时蔬葱油汤面

主要食材

主食

荞麦面……………………1把

蛋白质

鸡蛋……………………2枚

蔬菜

胡萝卜…………………¼根

小青菜…………………3～4棵

葱段……………………少许

操作步骤

提前处理蔬菜，洗净切段或丝。

❶ 锅内加热倒油，葱段爆香后加入清水和蚝油。

❷ 水烧开后加入面条和胡萝卜丝。

❸ 加入青菜丝。

❹ 鸡蛋打散滑入汤面里，加点盐、生抽和香油调味即可。

1

2

3

4

虾仁时蔬寿喜汤面

主要食材

主食

蔬菜面……………………1把

蛋白质

鸡蛋………………………1枚

虾仁………………7～8只

蔬菜

胡萝卜…………………¼根

娃娃菜……………5～6片

洋葱……………………少量

酱料

寿喜烧酱料

操作步骤

提前处理蔬菜。

❶ 锅内加热刷油，加入洋葱块和寿喜烧酱料。

❷ 加入清水烧开。

❸ 加入面条、蔬菜和虾仁继续煮，煮的过程中可以打入鸡蛋或做成水波蛋。

时蔬炒
牛肉汤面

主要食材

主食

荞麦面……………………1把

蛋白质

牛肉……………………适量

鸡蛋……………………1枚

蔬菜

胡萝卜…………………¼根

青菜…………………3~4片

洋葱……………………少许

操作步骤

提前处理蔬菜和牛肉，蔬菜洗净切段，牛肉切丁加入料酒和生抽腌制。

❶ 锅里加热刷油，洋葱段爆香。

❷ 加入腌制好的牛肉丁。

❸ 倒入蛋液继续翻炒。

❹ 加入蔬菜段翻炒。

❺ 加入蚝油和清水。

❻ 水开后，放入面条煮熟，加入盐和香油调味即可。

鲜虾时蔬
冬阴功汤面

主要食材

主食

蔬菜面......................1把

蛋白质

鲜虾........................3只

蔬菜

白菜..................3~4片

胡萝卜..................$\frac{1}{4}$根

紫甘蓝..................$\frac{1}{5}$个

洋葱......................少量

酱料

冬阴功酱

操作步骤

❶ 把蔬菜切成条。

❷ 锅里加热刷油，加入洋葱条爆香。

❸ 加入其他蔬菜条继续翻炒。

❹ 锅里加水，水开后下面条。

❺ 放入冬阴功酱。

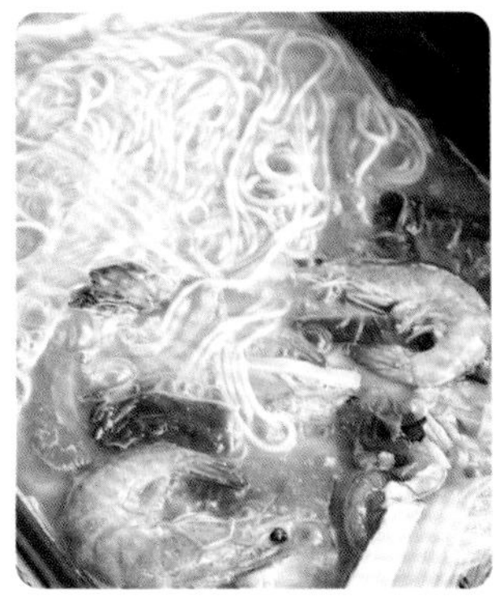

❻ 放鲜虾继续煮熟即可（如果觉得汤底味太淡可以适当加盐调味）。

时蔬番茄酱拌面

主要食材

主食

鸡蛋面……1把

蛋白质

鸡蛋……1枚

虾丸……3~4个

蔬菜

西葫芦……¼根

娃娃菜……3~4片

白玉菇……1小把

胡萝卜……¼根

番茄……1个

酱料

番茄面酱

操作步骤

1. 水煮开后下面条煮5分钟，加一点油防止面条粘连。
2. 煮面的同时将蔬菜和虾丸切碎。
3. 锅内加热刷油，加入切好的蔬菜翻炒。
4. 加入番茄面酱。
5. 加水煮熟蔬菜，加入蚝油、生抽调味即可出锅。
6. 用筷子将面条卷起来摆在盘子中央做造型。

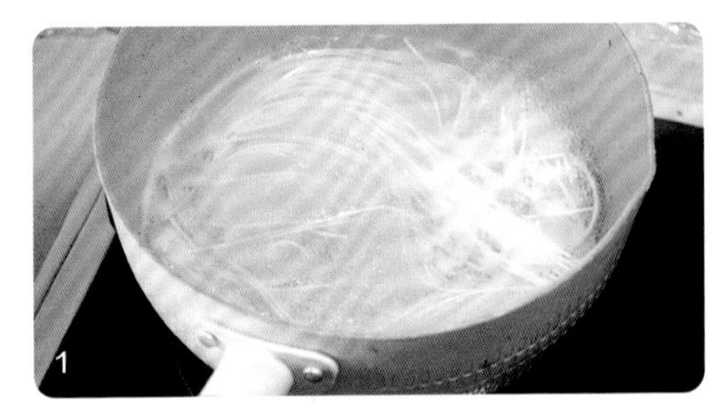
1

2

3

4

5

6

◇ 如果把拌面换个造型呢？

时蔬番茄
鸡蛋花拌面

主要食材

主食

菠菜面……………1小把

蛋白质

鸡蛋……………2枚

蔬菜

娃娃菜……………3~4片

番茄……………½个

胡萝卜……………¼根

洋葱……………少许

酱料

番茄面酱

操作步骤

❶ 水煮开后下面条煮5分钟，加一点油防止面条粘连。

❷ 另起锅，锅内加热刷油，倒入蛋液炒熟盛起备用。

❸ 蔬菜切碎。

❹ 锅内加热刷油，放入洋葱碎爆香后，加入切好的其他蔬菜翻炒。

❺ 加入番茄面酱继续翻炒。

❻ 加入清水，可勾芡，加入盐和生抽调味做成浇头。

❼ 面条过凉水捞起摆在盘子中间，炒蛋摆放在面条的正中间。

❽ 将浇头舀起做成花瓣状摆盘即可。

可爱熊虾仁番茄时蔬拌面

联想法

主要食材

主食

鸡蛋面……1把

蛋白质

鸡蛋……1枚

虾仁……7~8个

蔬菜

西葫芦……¼根

娃娃菜……3~4片

胡萝卜……¼根

番茄……½个

酱料

番茄面酱

其他

芝士片、海苔

操作步骤

提前用料酒和生抽腌制虾仁，蔬菜洗净切好，鸡蛋煮熟切半圆片。

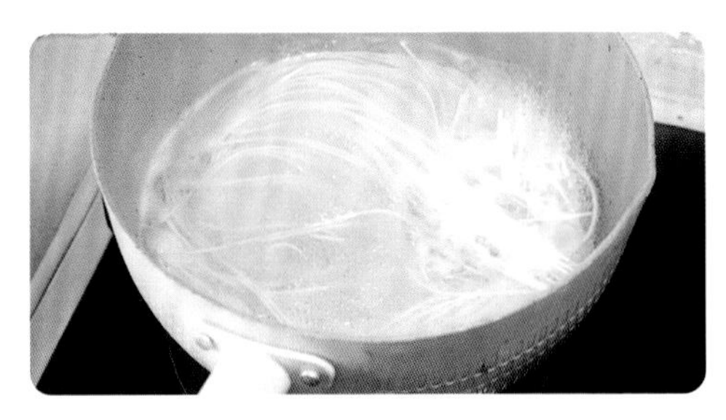

❶ 水煮开后下面条煮5分钟，加一点油防止面条粘连。

❷ 锅内加热刷油，放入腌制好的虾仁煎熟。

❸ 加入切好的蔬菜。

❹ 加入番茄面酱、清水，勾芡，加入盐和生抽调味做成浇头。

❺ 将浇头盛在深盘里。

❻ 面条用筷子卷成团，放在浇头的中下方做熊的嘴巴。

❼ 用芝士片做熊的眼白，海苔做熊的眼球和嘴巴。

❽ 把装饰用的食材摆放在浇头上即可。

黑芝麻酱拌
菠菜荞麦面

主要食材

主食

荞麦面……………………1把

蔬菜

菠菜………………5~6棵

豆苗、胡萝卜………少许

酱料

黑芝麻酱

操作步骤

蔬菜提前洗净切好。

1. 水烧开后下面条、胡萝卜丝和豆苗。
2. 锅里下菠菜。
3. 将温开水、酱油和黑芝麻酱均匀混合。
4. 面条和蔬菜捞出放入盘中，拌入混合好的芝麻酱即可。

1

2

3

4

炒面

替换法

主要食材

主食

荞麦面 2盒

蛋白质

鸡蛋 3枚

蔬菜

小青菜 .... 3～4棵

胡萝卜 .... ¼根

香菇 .... 4～5个

操作步骤

蔬菜提前洗净切好。

❶ 水煮开后下面条和蔬菜煮熟，加一点油防止面条粘连。

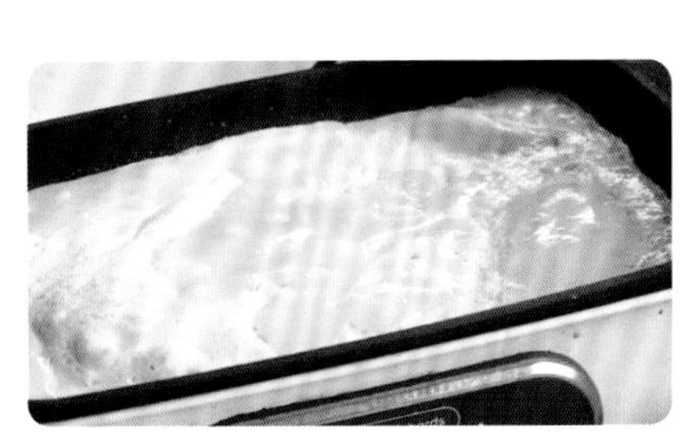

❷ 另起锅，鸡蛋打散后倒入，做成蛋饼盛出。

❸ 锅里加油将煮熟的面条和蔬菜放入，加入蚝油和盐一起翻炒。

❹ 将炒好的面和菜放在蛋饼的一侧。

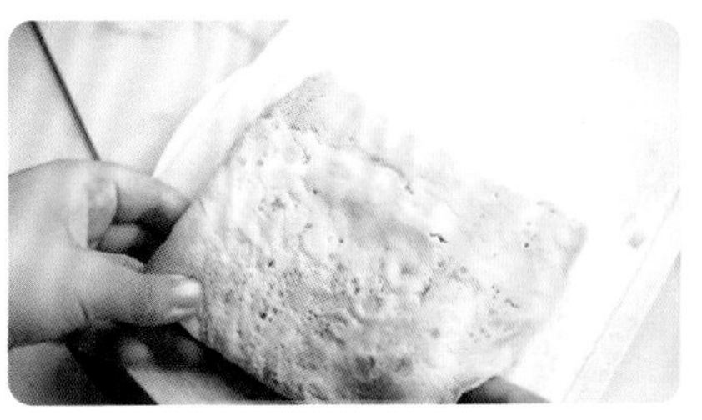

❺ 用蛋饼将炒好的面和菜包起来。

❻ 可以在蛋皮上用番茄酱画下对家人的爱。

✦ 联想法

卷发娃娃炒面

主要食材

主食

荞麦面…………………2盒

蛋白质

鸡蛋……………………3枚

鸡肉……………………适量

蔬菜

小青菜…………3～4棵

胡萝卜……………………¼根

香菇……………………4～5个

操作步骤

提前洗净蔬菜切碎，鸡肉切丁腌制。

❶ 水煮开后下面条和蔬菜碎煮熟，加一点油防止面条粘连。

❷ 鸡蛋打散后倒入锅里做成蛋饼盛出。

❸ 锅里刷油加入鸡肉丁翻炒。

❹ 将煮熟的面条和蔬菜碎放入，加入蚝油和盐一起翻炒。

❺ 将蛋饼剪出一个圆形做娃娃的脸，将炒面摆在蛋皮上面作为头发。

❻ 用胡萝卜和蛋饼边做皇冠、眼睛和嘴巴。

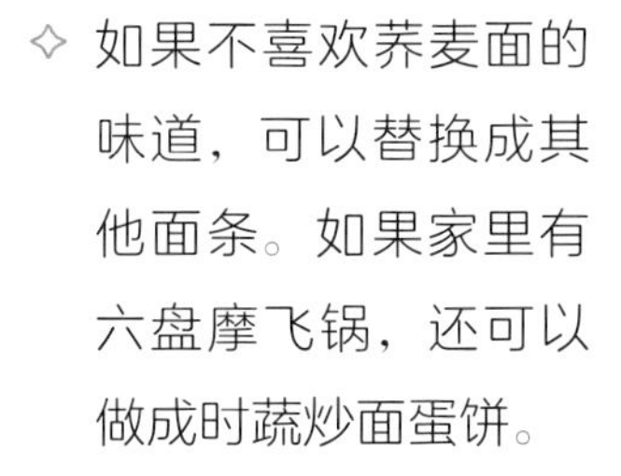

✧ 如果不喜欢荞麦面的味道，可以替换成其他面条。如果家里有六盘摩飞锅，还可以做成时蔬炒面蛋饼。

可在“早餐小饼”公众号中输入“面条”学习更多拍摄技巧。

一份剩米饭抚慰你

说到用剩米饭来做早餐，你最先想到的菜品是什么？我之前在早餐训练营问过我的学员，学员们异口同声：“蛋炒饭”，我说：“好，我们一起从蛋炒饭开始给剩米饭来一场华丽的蜕变之旅吧！”

请先跟着我的思路拆解一下蛋炒饭吧。蛋炒饭里面有什么？剩米饭、鸡蛋、葱，剩米饭是主食，鸡蛋是蛋白质，葱姑且算它是蔬菜，是不是太单调了呢？如何做出一碗营养丰富、色泽丰富、口味丰富的蛋炒饭呢？就是在蛋白质和蔬菜上做文章。除了鸡蛋，可以增加虾仁、鸡肉、牛肉、三文鱼等蛋白质，蔬菜可以选择不同颜色的，比如胡萝卜、黄瓜、青豆、香菇等，其实家里剩下的边角料食材都能一股脑地放进去……这看起来好像很容易，就是一锅炒的节奏，其实也不简单，制作过程中你要考虑食材放入的先后顺序。

除了蛋炒饭之外，米饭还能怎么做出花样？我们已经讲了这么多食材了，你现在脑海中有没有闪现出早餐的设计思路呢？

我们可以从颜色、形状和造型上下手试试。

之前在一期训练营里，我分享做炒饭的时候，有位学员在群里说，她家孩子虽然爱吃炒饭，但是会把里面的蔬菜全部挑出来不吃，她感觉心力耗尽。我想了一个办法，给剩米饭换个颜色，就制成了翡翠虾仁时蔬炒饭。

又比如在炎炎夏日，突然很想吃寿司，可是上哪里变出寿司海苔片呢？不要说点外卖哦。我们可以想象一下，什么和寿司海苔片很像呢？如果把鸡蛋摊成薄饼，是不是和寿司海苔片有异曲同工之处呢？我们可以用蛋饼来代替寿司海苔片，采用寿司卷的做法，把炒饭均匀铺在蛋饼上，慢慢卷起来，变成时蔬蛋卷饭！

米饭的形式还能变换成什么呢？让我们一起来开启剩米饭的变身之旅吧。

翡翠虾仁时蔬炒饭

✦ 联想法

✧ 春日迟迟春草绿，满屋飘香的翡翠炒饭扑面而来。

主要食材

主食

剩米饭……1碗

蛋白质

鸡蛋……2枚

熟虾仁……6～7只

蔬菜

小青菜……2棵

胡萝卜……¼根

洋葱……少量

其他

菠菜粉……少许

操作步骤

提前处理蔬菜。

1 将菠菜粉混合温水搅拌均匀。

2 将菠菜水和米饭搅拌均匀。

3 鸡蛋打散加入盐调味。

4 锅内加热刷油，加入洋葱丁爆香后，加入胡萝卜碎继续翻炒。

5 将蛋液滑入快速搅拌。

6 加入青菜碎翻炒，再加入混合好的剩米饭，用酱油和蚝油调味。

7 盘子中间倒扣碗，将炒饭均匀放在碗周围形成环状。

8 将熟鲜虾摆放在米饭花环上作为点缀，中间可用胡萝卜片摆出笑脸。

时蔬黄金炒饭

◇ 只需两步，即可做出米其林大师水准的黄金炒饭。

主要食材

主食	蛋白质	蔬菜
剩米饭……1碗	鸡蛋……2枚	生菜……3～4片
	虾仁……6～7只	胡萝卜……¼根
		蒜末……少许

操作步骤

提前洗净蔬菜切好。

❶ 将蛋黄和蛋清分离。

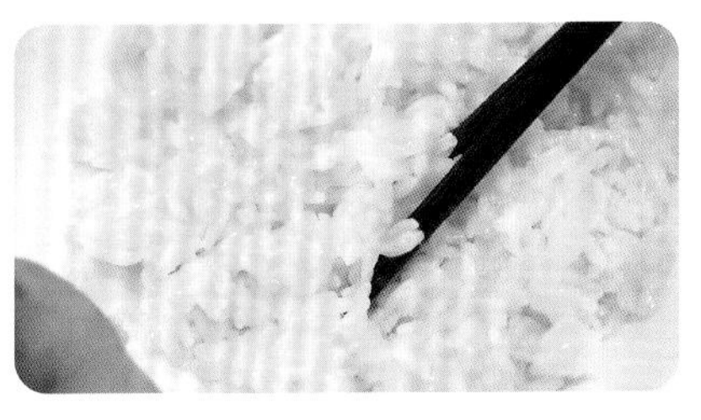

❷ 剩米饭里倒入蛋黄液，搅拌均匀。

❸ 热油加蒜末炒香，放入胡萝卜丁和虾仁炒熟。

❹ 放入蛋黄液剩米饭翻炒。

❺ 加入生菜丁继续翻炒。

❻ 加入剩下的蛋清液，用生抽、蚝油、盐调味即可出锅。

鸡蛋时蔬饭团
换造型

主要食材

主食

剩米饭……1碗

蛋白质

鸡蛋……2枚

牛肉丸……3～4个

蔬菜

小青菜……3～4棵

胡萝卜……$\frac{1}{4}$根

香菇……3～4个

蒜末……少许

操作步骤

1 将蔬菜和肉丸切成丁。

2 热锅刷油，鸡蛋打散倒入锅中，开中火炒成鸡蛋碎盛出。

3 另起锅热油，加蒜末炒香，放入蔬菜丁和肉丸丁炒熟。

4 放入剩米饭继续翻炒。

5 倒入鸡蛋碎，加入生抽、蚝油、盐调味。

6 将炒好的饭放入模具里，做出不同的饭团造型。

时蔬蛋卷饭

✧ 炎炎夏日想吃寿司，可是来不及买海苔怎么办呢?

主要食材

主食

剩米饭……1碗

蛋白质

鸡蛋……2枚

熟肉丸……3~4个

蔬菜

生菜……3~4片

胡萝卜……¼根

蒜末……少许

操作步骤

1. 将生菜、胡萝卜和熟肉丸子切成丁。
2. 热油加蒜末炒香，放入胡萝卜丁、生菜丁炒熟。
3. 放入剩米饭继续翻炒。
4. 加入熟肉丸丁，用酱油、蚝油、盐调味。
5. 另起锅刷油，鸡蛋打散倒入锅中，开中火摊成蛋饼。
6. 将炒饭均匀铺在蛋饼上，铺满后卷起来。
7. 用刀从中间切段。
8. 切成厚度相等的蛋卷即可，也可装饰黄瓜片。

小贴士

如果感觉蛋饼容易破，可以添加少许生粉和蛋液一起打匀，这样煎出来的蛋皮不容易破。

时蔬鸡蛋
米饼

主要食材

主食

剩米饭……………………1碗

蛋白质

鸡蛋……………………2枚

蔬菜

绿甘蓝……………3~4片

胡萝卜…………………¼根

操作步骤

① 将剩米饭和蛋液混合均匀。

② 将蔬菜切丝，放入米饭蛋液中搅拌均匀，用盐、生抽和蚝油调味搅拌。

③ 锅内加热刷油，倒入混合好的米饭。

④ 一面煎至底部金黄色后，翻面煎熟即可出锅。

✧ 如果不想把米饭炒得太干，或是孩子不喜欢吃炒饭里的蔬菜，可以把炒饭做成这道时蔬鸡蛋米饼。食材完全和炒饭一致，只是在制作顺序上发生改变。

日出米饭画

✧ 作画可以缓解压力，想要达到自我减压和营养颜值的双重需求，你可以用米饭来画画。把盘子当成画布，用不同颜色的蔬菜粉给米饭调色，用五彩米饭和蔬菜作为颜料，用勺子来做画笔，在盘中创作美食艺术吧。

主要食材

主食

剩米饭……………… 1碗

蛋白质

鸡蛋…………………2枚

蔬菜

番茄………………… 1个

胡萝卜………………少许

蒜末…………………少许

酱料

番茄酱

其他

蝶豆花粉……………少许

操作步骤

❶ 番茄切碎。

❷ 鸡蛋打散，加入盐和料酒调味。

❸ 油热后放入蒜末炒香，加番茄碎翻炒，再加入蛋液快速翻炒，用生抽和番茄酱调味。

❹ 将蝶豆花粉加一小勺开水搅匀，拌入一部分剩米饭里变成蓝米饭，放在盘子上方作为蓝天。

❺ 中间放入白米饭作为白云，下方放上番茄炒蛋作为日出倒影。

❻ 用胡萝卜做造型点缀即可。

创意总结：

通过换颜色、换形状和换造型的方法，玩转米饭早餐。学会早餐的创作思维方式很重要，在创造的过程中你会感觉这不单单是完成一道早餐菜谱，而是选择突破自我的思维及认知。

一份燕麦惊艳你

燕麦不再只能是糊糊

曾有学员问我，究竟什么食材是早餐最常用的？我毫不犹豫地回答：“燕麦！”它不仅是家中的常备食材，还因其保存时间长、易创意制作的特性而备受推崇。对于燕麦，你第一时间想到的做法是什么呢？

● 燕麦粥

大家可能觉得早上煮粥太耗时间，别担心，有即食燕麦，只需10分钟就能享用一份充满营养的快手粥。

燕麦甜粥

想吃甜口的粥，如何不加糖也能好吃呢？关键就在选用甜的食材，比如水果、红薯，还可以加入干花作为点缀，比如桂花、玫瑰等。

公式一：燕麦+牛奶+水果

公式二：燕麦+根茎类蔬菜+水果

桂花银耳香蕉牛奶燕麦甜粥

主要食材

主食

即食燕麦................1小碗

蛋白质

牛奶..........................1杯

水果

香蕉........................½根

其他

桂花、免泡银耳.......少许

操作步骤

香蕉提前切块。

1. 锅内加入牛奶、桂花和银耳中火煮1～2分钟。
2. 煮开后倒入即食燕麦和香蕉块，煮1～2分钟即可。

苹果红薯时蔬
乳粉燕麦甜粥

主要食材

主食

即食燕麦……………1小碗

红薯……………1小块

蛋白质

乳粉……………2小勺

蔬果

小青菜……………1棵

胡萝卜……………¼根

苹果……………¼个

操作步骤

红薯提前蒸熟，胡萝卜和小青菜提前切丁、焯水。

1. 锅内加热刷油，将蔬菜丁快速翻炒。
2. 加入清水、即食燕麦和乳粉。
3. 加入蒸熟的红薯块和切好的苹果块。
4. 用勺子不停搅拌煮熟。

燕麦咸粥

无论你偏好清淡的口味还是浓郁的滋味，这两个公式都能满足你的需求。而且，不论你喜欢哪种食材，都可以轻松地代入这些公式，让你的燕麦咸粥变得更加美味。

公式一：水+燕麦+肉、蔬菜

公式二：炒肉、炒菜+水+燕麦

主要食材

主食

即食燕麦…………1小碗

山药…………$\frac{1}{2}$根

蛋白质

鸡蛋…………1枚

蔬菜

胡萝卜…………$\frac{1}{2}$根

生菜…………3~4片

操作步骤

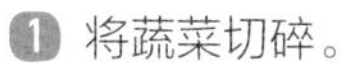

1 将蔬菜切碎。

2 锅里水烧开后放入打散的蛋液。

3 锅里加入山药碎和即食燕麦。

4 继续加入胡萝卜碎和生菜碎，煮开后，放入盐、酱油和香油调味即可。

时蔬猪肉南瓜
燕麦咸粥

主要食材

主食

即食燕麦............1小碗

蛋白质

猪肉..................1小块

蔬菜

胡萝卜................$\frac{1}{3}$根

青菜................2～3棵

南瓜..................1小块

洋葱....................少许

> 小贴士
>
> 炒菜的燕麦粥想要味道好，最重要的食材是洋葱。洋葱爆香后，不管是炒海鲜还是肉类味道都不会差。

操作步骤

提前腌制猪肉，蔬菜洗净切碎，南瓜煮熟捣泥。

❶ 锅内加热刷油，将洋葱碎放入爆香。

❷ 加入用料酒和酱油腌制的猪肉碎。

❸ 加入胡萝卜碎翻炒。

❹ 加入清水和即食燕麦。

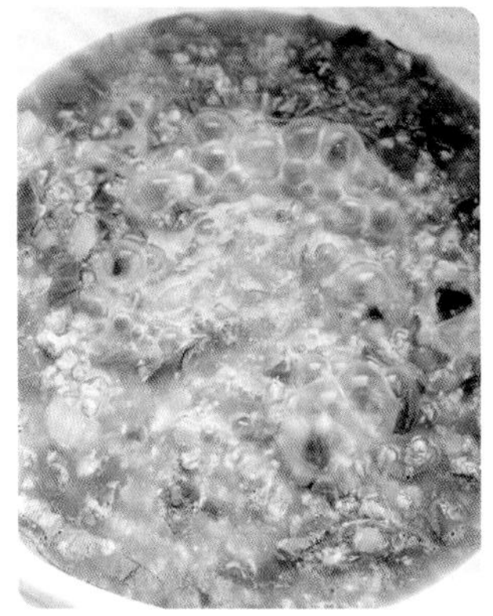

❺ 加入青菜碎。

❻ 加入南瓜泥，用盐、生抽和香油调味即可。

● 燕麦饼

时蔬蟹棒滑蛋可丽燕麦蛋饼

只做饼底

主要食材

主食

即食燕麦................1小碗

蛋白质

鸡蛋........................3枚

蟹肉棒................3～4条

蔬菜

番茄........................½个

生菜....................3～4片

酱料

沙拉酱

操作步骤

1 鸡蛋打散后分成2份，1份和蟹肉棒碎混合，1份和即食燕麦混合。

2 热锅刷油，倒入燕麦蛋液，用锅铲均匀铺平，转小火煎至表面熟透。

3 另起锅，将蟹肉棒蛋液倒入锅内快速翻炒，做成滑蛋。

4 在燕麦蛋饼上抹上一层沙拉酱。

5 将生菜撕碎，番茄切片，放在蛋饼的一侧，最上面盖上蟹肉棒滑蛋。

6 将蛋饼对折即可。

三色蔬菜可丽燕麦小蛋饼

主要食材

主食

即食燕麦................1小碗

蛋白质

鸡蛋........................3枚

蔬菜

西蓝花....................适量

蘑菇..................3~4个

圣女果................3~4个

操作步骤

提前处理蔬菜，西蓝花切碎，蘑菇和圣女果切片。

1. 鸡蛋打散和即食燕麦混合。
2. 热锅刷油后倒入燕麦蛋液，其他小盘里放上蘑菇片和西蓝花碎煎至表面熟透，加入黑胡椒粉调味。
3. 将炒好的蔬菜和圣女果片放在蛋饼的一侧，用铲子把蛋饼对折即可。

水果酸奶燕麦蛋饼

主要食材

主食

即食燕麦................1小碗

蛋白质

鸡蛋........................2枚

无糖酸奶...................1盒

蔬果

西瓜.........................1块

（可以根据自己喜好挑选水果）

其他

每日坚果...................1包

操作步骤

1. 即食燕麦和鸡蛋液混合搅拌。
2. 平底锅加热刷油，倒入燕麦蛋液，用锅铲均匀铺平煎熟。
3. 将酸奶均匀抹在燕麦饼上。
4. 水果和坚果切碎，随意撒在酸奶上即可。

1

2

3

4

水果酸奶燕麦蛋卷

这一次，我们将改变燕麦蛋饼的形状，让它卷起来，带来更多新意。

主要食材

主食
即食燕麦…………………1小碗
蛋白质
鸡蛋…………………………2枚
酸奶…………………………1盒

蔬果
葡萄………………………5~6颗
蓝莓………………………5~6颗
（可以根据自己喜好挑选水果）

操作步骤

❶ 将葡萄和蓝莓切碎。

❷ 即食燕麦和鸡蛋液混合搅拌。

❸ 平底锅加热刷油，倒入燕麦蛋液，用锅铲均匀铺平煎熟。

❹ 将酸奶均匀抹在燕麦饼上。

❺ 将水果碎随意撒在酸奶上。

❻ 将燕麦蛋饼卷起来切段即可。

水果酸奶燕麦
蛋饼角

主要食材

主食

即食燕麦................1小碗

蛋白质

鸡蛋........................2枚

无糖酸奶.................少许

蔬果

火龙果、芒果和蓝莓

............................各少许

香蕉.......................$\frac{1}{2}$根

（可以根据自己喜好挑选水果）

操作步骤

1. 香蕉捣泥，与即食燕麦、蛋液混合搅拌。
2. 平底锅加热刷油，倒入混合燕麦蛋液，用锅铲均匀铺平。转小火煎至金黄后翻面再煎2～3分钟即可（同步可以切碎水果）。
3. 将燕麦饼切成三角状。
4. 将酸奶均匀抹在燕麦角上。
5. 根据自己的喜好摆放切好的水果即可。

1

2

3

4

5

混合食材

满分时蔬燕麦蛋饼

◇ 制作蛋饼的时候要掌握好火候，煎的时候用锅铲稍微按压，这样煎出来的蛋饼口感更好。可以根据个人口味添加配料，选择蘸料。

主要食材

主食

即食燕麦................1小碗

蛋白质

鸡蛋........................3枚

蔬菜

黄瓜........................½根

胡萝卜、包心菜....各少许

操作步骤

提前处理蔬菜，洗净切碎。

❶ 将鸡蛋打入碗中打匀，加入蔬菜碎和即食燕麦搅拌均匀，加少量的盐调味。

❷ 热锅刷油，倒入混合蛋液铺平，用中小火煎至金黄色。

❸ 将黄瓜切成100分的样子，等蛋饼表面快熟时摆放上，凝固后将蛋饼翻面。

❹ 可蘸番茄酱食用。

猪肉时蔬燕麦蛋饼

主要食材

主食

即食燕麦................1小碗

蛋白质

猪肉......................1小块

蔬菜

莲藕......................1小块

胡萝卜.....................⅓根

小青菜................2~3棵

洋葱....................... 少许

操作步骤

提前腌制猪肉，洗净、切碎蔬菜。

1. 将蛋液和即食燕麦混合搅拌均匀，加少量的盐调味。
2. 锅内加热刷油，将洋葱碎爆香后，加入用料酒和酱油腌制的猪肉碎。
3. 加入其他蔬菜碎继续翻炒，加入盐、生抽和蚝油调味。
4. 加入燕麦蛋液均匀摊平，转小火煎熟即可。

1

2

3

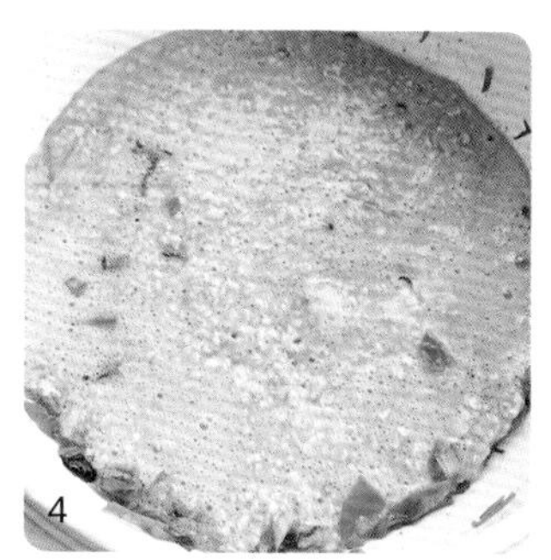

4

三文鱼黄瓜燕麦蛋饼

✧ 要想蛋饼变得立体，食材展现在外部，可以尝试部分混合法。在燕麦蛋饼煎得半熟时，再将切好的食材摆放在蛋饼上。

主要食材

主食

即食燕麦................1小碗

蛋白质

三文鱼..................1小块

鸡蛋........................ 2枚

蔬菜

黄瓜.......................$\frac{1}{4}$根

其他

芝士碎、海苔碎

操作步骤

提前处理三文鱼和黄瓜，切碎。

❶ 鸡蛋打散和即食燕麦混合。

❷ 热锅刷油后，将燕麦蛋液倒入六盘锅里。

❸ 煎至半熟时，加入黄瓜碎和三文鱼碎。

❹ 加入芝士碎和海苔碎，撒上盐和黑胡椒粉调味，煎至表面熟透即可。

● 烤燕麦

◇ 食材混合后直接放入烤箱搞定，烤制的过程中可以去洗漱打扮。

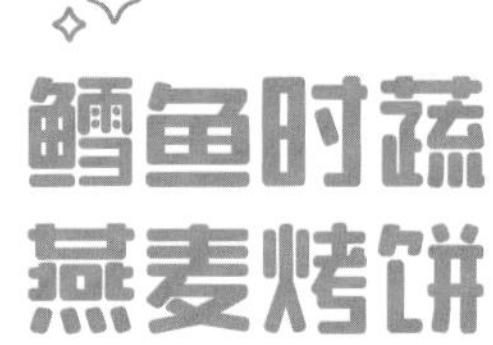

主要食材

主食

土豆 .... ½个

即食燕麦 1小碗

蛋白质

鳕鱼 1片

鸡蛋 2枚

蔬菜

西蓝花、胡萝卜 .... 各适量

操作步骤

提前将土豆切块蒸熟，西蓝花和胡萝卜切块焯水，鳕鱼蒸熟放入冰箱冷藏。

❶ 蔬菜块放入研磨机里打碎。

❷ 将蒸熟的土豆块捣碎，和燕麦混合。

❸ 加入蛋液和蔬菜碎，鳕鱼撕小块加入，用盐、酱油、黑胡椒粉调味。

❹ 混合均匀后放入烤箱温度调至200℃，烤10～12分钟。

香蕉鸡蛋烤燕麦

✧ 如果想吃甜口的燕麦饼可以怎么做呢？

主要食材

主食

即食燕麦................1小碗

蛋白质

鸡蛋........................2枚

水果

香蕉........................½根

操作步骤

1. 即食燕麦和鸡蛋液混合搅拌放入烤箱碗里。
2. 将香蕉切片均匀摆放在燕麦蛋液上。
3. 烤箱预热后，放入烤箱温度调至185℃，烤10～12分钟。

温馨提醒

剩下半根香蕉可以和牛奶放入榨汁机做成香蕉奶昔。

● 炒燕麦

主要食材

主食

即食燕麦................1小碗

蛋白质

鸡蛋......................... 2枚

鸡胸肉...................1小条

虾皮........................ 少许

蔬菜

西蓝花、胡萝卜 .... 各适量

洋葱、香葱........... 各少许

操作步骤

❶ 鸡蛋打散后加入即食燕麦。

❷ 把鸡胸肉、西蓝花、胡萝卜、洋葱、香葱切碎。

❸ 锅内加热刷油，加入洋葱碎、香葱碎和虾皮爆香。

❹ 加入鸡胸肉碎翻炒。

❺ 加入蔬菜碎和燕麦蛋液后继续翻炒。

❻ 加入生抽和蚝油调味。

创意总结：

通过对燕麦的煮、煎、烤和炒的思考，我们为早餐的选择增添了无穷的乐趣。无论是香脆的燕麦蛋饼，还是炒燕麦的新尝试，都展现了燕麦的多样魅力。

一份比萨点亮你

比萨是美味的组合艺术，可比萨饼底的制作却是个挑战。那么，我们能用什么食材来替代饼底呢？跟随我一起踏上这场奇妙的替代之旅吧！

● **吐司来替代比萨饼底**

时蔬鸡肉吐司比萨

主要食材

主食

吐司 2片

蛋白质

即食鸡胸肉 2片

芝士 2片

蔬菜

绿甘蓝 .... 2~3片

胡萝卜 .... $\frac{1}{4}$根

番茄 .... $\frac{1}{2}$个

酱料

番茄酱、沙拉酱

操作步骤

提前洗净胡萝卜和绿甘蓝，并焯水。

❶ 蔬菜和即食鸡胸肉切丁。

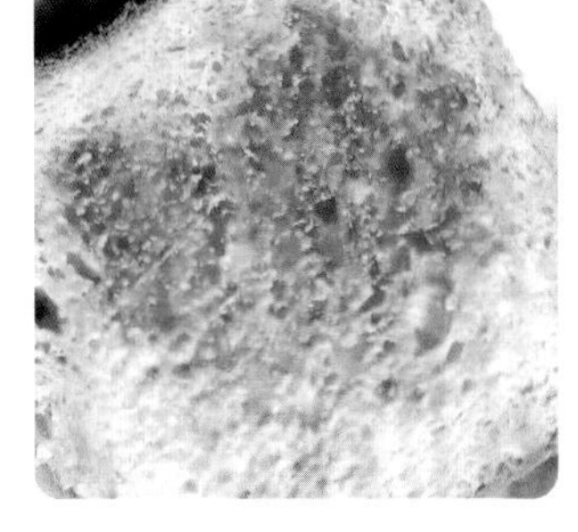

❷ 吐司上抹上番茄酱和沙拉酱。

❸ 将蔬菜丁摆放在吐司上。

❹ 继续放上即食鸡胸肉丁，用盐和黑胡椒粉调味。

❺ 放上芝士片。

❻ 放入烤箱或空气炸锅温度调至185℃，烤10分钟。

彩虹吐司比萨

主要食材

主食

吐司 2片

蛋白质

火腿肉 1片

芝士碎 .... 适量

蔬菜

紫甘蓝 .... 2~3片

彩椒 .... ¼个（不同颜色）

洋葱 .... ¼个

胡萝卜 .... ¼根

酱料

番茄酱、沙拉酱

操作步骤

1. 将紫甘蓝、彩椒、洋葱、胡萝卜和火腿肉切碎。
2. 在两片吐司片上，均匀涂抹番茄酱和沙拉酱。
3. 将多彩蔬菜碎按彩虹的颜色顺序放在吐司片上，再盖一层厚厚的芝士碎。
4. 烤箱预热结束后，设置温度180℃，烤制10分钟。

爱心蛋吐司比萨

主要食材

主食

吐司 2片

蛋白质

鸡蛋 2枚

芝士碎 .... 少许

蔬菜

胡萝卜 .... ¼根

包心菜 .... 适量

酱料

番茄酱、沙拉酱

操作步骤

1. 将包心菜、胡萝卜切成小块。
2. 在两片吐司片上，均匀涂抹番茄酱和沙拉酱。
3. 将蔬菜碎放在吐司片上，中间留空白。
4. 在中间空白处打入一个鸡蛋。
5. 撒上芝士碎，加入盐和黑胡椒粉调味。
6. 烤箱预热结束后，设置温度180℃，烤20分钟即可。

芝士时蔬鸡肉
燕麦蛋饼比萨
燕麦蛋饼来替换比萨饼底

主要食材

主食

即食燕麦……………1小碗

蛋白质

鸡胸肉……………1小条

鸡蛋……………1枚

芝士碎……………少许

蔬菜

圣女果……………3~4个

生菜……………2~3片

酱料

沙拉酱

操作步骤

鸡胸肉切块，用生抽、料酒、蚝油、盐和黑胡椒粉提前腌制；圣女果提前切片。

1 鸡蛋打散和即食燕麦混合。

2 热锅刷油，将燕麦蛋液倒入煎成燕麦蛋饼，鸡胸肉块放在锅里煎熟。

3 在燕麦蛋饼上抹上一层沙拉酱。

4 放上一层生菜和煎好的鸡胸肉块。

5 把圣女果片放在鸡胸肉块上。

6 撒上芝士碎，用余温融化芝士即可。

鸡肉时蔬馒头比萨

- 馒头片来替换比萨饼底

主要食材

主食
南瓜馒头………………2个
玉米粒…………………少许
蛋白质
即食鸡肉………………1袋
芝士碎…………………少许

蔬菜
番茄……………………½个
生菜……………………½棵
酱料
沙拉酱

操作步骤

❶ 将南瓜馒头横切成3～4片。

❷ 把生菜、番茄和即食鸡肉切成丁。

❸ 馒头片上刷上沙拉酱。

❹ 摆放上切碎的生菜丁、番茄丁以及玉米粒。

❺ 放上鸡肉丁，用盐和黑胡椒粉调味。

❻ 撒上芝士碎，放入烤箱或空气炸锅，温度调至185℃，烤制10分钟。

时蔬虾仁土豆饼比萨

土豆替换比萨饼底

主要食材

主食

大土豆……………………1个

蛋白质

虾仁………………5～6个

芝士碎………………少许

蔬菜

绿甘蓝……………2～3片

胡萝卜………………$\frac{1}{4}$根

酱料

番茄酱、沙拉酱

操作步骤

绿甘蓝、胡萝卜、虾仁和土豆片提前焯水断生。若不焯水，需适当增加烤制时长。

❶ 蔬菜和虾仁切丁。

❷ 将土豆切成薄片，刷上番茄酱和沙拉酱。

❸ 摆放上切碎的蔬菜丁和虾仁丁。

❹ 撒上芝士碎、盐和黑胡椒粉调味，放入烤箱或空气炸锅，温度调至185℃，烤制10分钟。

- 饺子皮替换比萨饼底

鸡肉时蔬饺子皮比萨

主要食材

主食

饺子皮 4片

蛋白质

鸡蛋 2枚

鸡肉 1小块

蔬菜

西蓝花、胡萝卜、南瓜、

洋葱 .... 各适量

（选择自己喜欢的蔬菜）

酱料

番茄酱、沙拉酱

操作步骤

❶ 西蓝花、胡萝卜和南瓜切大块焯水，洋葱切丁。

❷ 鸡蛋打散。

❸ 鸡肉切丁，加入料酒、酱油和黑胡椒粉调味。

4 锅内加热刷油，加入洋葱丁和鸡肉丁翻炒。

5 加入蛋液快速翻炒，盛出备用。

6 焯水后的蔬菜块切丁。

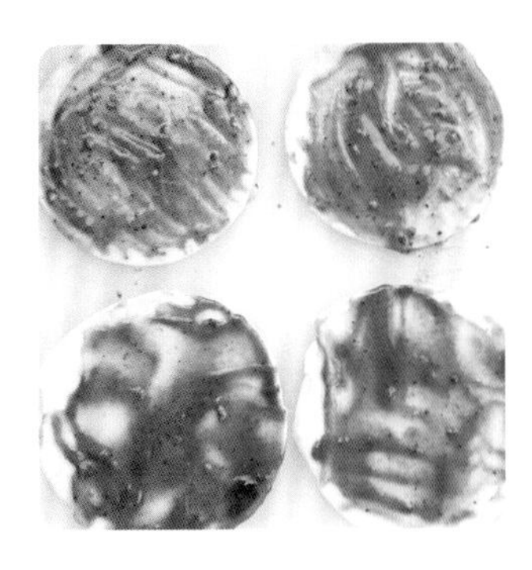

7 饺子皮上刷上番茄酱和沙拉酱。

8 放上炒好的鸡肉丁、鸡蛋碎和蔬菜丁。

9 撒上芝士碎后，放入烤箱或空气炸锅，温度调至185℃，烤10分钟。

创意总结：

通过用不同食材替代比萨饼底，你是否对替换法有了更深刻的理解呢？这个过程并不仅仅是简单的烹饪，而是一场关于早餐创新的头脑风暴。学会这种思维方式，你就能玩转比萨早餐。

一个馒头馋醒你

● **烤馒头**

在中国的饮食文化中，馒头有着悠久的历史。它可以提供人们一整天的能量。在中国的许多地方，馒头也是传统节日的食品，常在春节、端午节等节日食用。

除了作为主食外，馒头也可以作为点心或夜宵食用。它可以搭配豆浆、牛奶、粥等饮品，也可以搭配各种小菜或酱料食用。在中国的南方地区，人们还常常将馒头浸泡在汤汁中，让馒头吸收汤汁的味道后再食用。

总的来说，馒头是一种美味可口的主食，它不仅是中国传统饮食文化的代表之一，也是人们日常生活中不可或缺的一部分。

主要食材

主食

馒头 2个

蛋白质

鸡蛋 2枚

蔬菜

胡萝卜 .... ¼根

小青菜 2棵

操作步骤

提前洗净蔬菜并切碎。

❶ 鸡蛋打散，加入少许盐和黑胡椒粉搅拌均匀。

❷ 将馒头切成丁，浸入鸡蛋液中。

❸ 加入蔬菜碎搅拌均匀，加入蚝油和生抽调味。

❹ 预热烤箱后，温度调至200℃烤8分钟，直到蛋液完全熟透，馒头呈现金黄色。

圣女果秋葵鸡蛋炒馒头

- 炒馒头

主要食材

主食

馒头 2个

蛋白质

鸡蛋 2枚

火腿肉 1片

蔬菜

秋葵 .... 2～3根

圣女果 .... 2～3个

操作步骤

提前将馒头、秋葵和火腿肉切丁，圣女果切片。

1 鸡蛋打散。

2 锅里加热刷油，将馒头丁和秋葵丁放入翻炒。

3 加入蛋液煎蛋皮，放入火腿肉丁。

4 蛋皮半熟时，与馒头丁、秋葵丁和火腿肉丁混合翻炒。

5 加入圣女果片，用盐和黑胡椒粉调味即可。

鸡肉时蔬沙拉开放式馒头

- 抹馒头

主要食材

主食

馒头……2个

玉米粒……少许

蛋白质

即食鸡胸肉……2片

（也可以换成嫩煮蛋）

蔬菜

番茄……½个

生菜……3~4片

酱料

沙拉酱

操作步骤

❶ 蔬菜和即食鸡胸肉切成丁。

❷ 馒头横向切开，分为两片。

❸ 馒头片上抹上沙拉酱。

❹ 放上生菜丁。

❺ 放上番茄丁和玉米粒。

❻ 放上即食鸡胸肉丁即可。

时蔬蛋饼馒头汉堡

● 夹馒头

主要食材

主食

馒头……2个

蛋白质

鸡蛋……2枚

熟虾仁……7～8只

蔬菜

娃娃菜……2～3片

秋葵……2～3根

胡萝卜……$\frac{1}{4}$根

香菇……2～3个

操作步骤

❶ 将所有蔬菜切碎，装入榨汁机里打成蔬菜泥。

❷ 蔬菜泥倒入盘中。

❸ 打入两枚鸡蛋后搅拌均匀，加入盐和生抽调味。

❹ 锅内加热刷油，将搅拌好的蔬菜蛋液倒入锅里。

❺ 一面煎至底部金黄色熟透后，翻面煎熟即可出锅，出锅前在饼上摆放熟虾仁作为点缀。

❻ 馒头中间切开，将煎好的蔬菜蛋饼夹入馒头片中即可。

老虎头馒头
夹心时蔬蛋饼

主要食材

主食

馒头 2个

蛋白质

鸡蛋 2枚

蔬菜

小青菜 .... 2～3棵

胡萝卜 .... ¼根

酱料

沙拉酱、番茄酱

操作步骤

小青菜和胡萝卜提前焯水、切碎。

❶ 锅里加热刷油，加入打散的鸡蛋液。

❷ 蛋饼半熟时加入蔬菜碎，加入盐和黑胡椒粉调味。

❸ 馒头中间切开一分为二，刷上沙拉酱。

❹ 将蔬菜鸡蛋饼夹在馒头中间。

❺ 用番茄酱在馒头上写老虎头的王字，用红豆做眼睛。

❻ 用番茄酱画上老虎胡须，用黑豆做个鼻子。

时蔬馒头
蛋饼
煎馒头

主要食材

主食

馒头 2个

即食燕麦 .... 少许

蛋白质

鸡蛋 2枚

虾仁 .... 6~7只

蔬菜

秋葵 .... 2~3根

操作步骤

虾仁和秋葵提前焯水，秋葵切片。

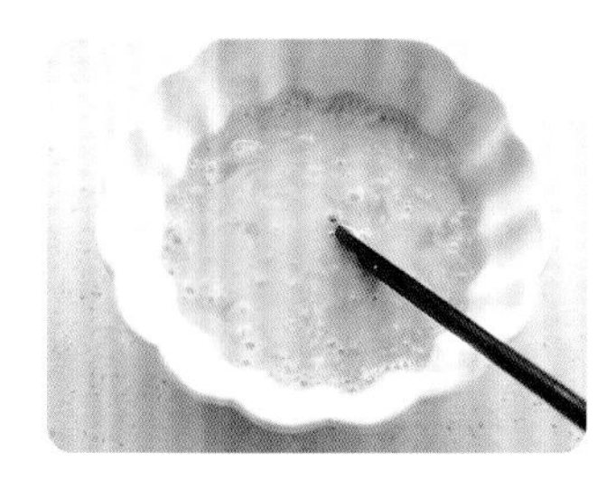

① 即食燕麦与鸡蛋液混合。

② 馒头切成丁，浸入燕麦蛋液中。

③ 锅内加热刷油，将馒头燕麦蛋液倒入盘中。

④ 蛋液半熟时加入秋葵片和虾仁，煎至蛋液凝固，撒上盐和黑胡椒粉调味即可。

创意总结：

烤、炒、抹和煎这四种烹饪方法，从不同角度呈现了馒头的美味。无论是香脆的烤馒头、诱人的炒馒头、多彩的抹馒头还是金黄的煎馒头，都能让食客感受到馒头的多样魅力。